U0098591

Architectural

Physics

科學技術叢書

建築物理

江哲銘　著

 三民書局

國家圖書館出版品預行編目資料

建築物理／江哲銘著.－－初版十四刷.－－臺北
市：三民，2014
　　面；　　公分.－－(科學技術叢書)

參考書目：面
含索引
ISBN 978－957－14－2400－2　　(平裝)
　1.建築物理

441.3　　　　　　　　　　　　　　86008759

©　建築物理

著 作 人	江哲銘
發 行 人	劉振強
著作財產權人	三民書局股份有限公司
發 行 所	三民書局股份有限公司
	地址　臺北市復興北路386號
	電話　(02)25006600
	郵撥帳號　0009998-5
門 市 部	(復北店) 臺北市復興北路386號
	(重南店) 臺北市重慶南路一段61號
出版日期	初版一刷　1997年9月
	初版十四刷　2014年1月
編　　號	S 444320

行政院新聞局登記證局版臺業字第〇二〇〇號

有著作權·不准侵害

ISBN　978-957-14-2400-2　　(平裝)

http://www.sanmin.com.tw　三民網路書店
※本書如有缺頁、破損或裝訂錯誤，請寄回本公司更換。

自　序

　　邁向二十一世紀，人類除了必須面對「人口膨脹」及伴隨而生的「糧食缺乏」問題外，人類過度開發所造成的地球環境惡化與破壞，在複合作用與惡性循環下，已瀕臨於地球承載能力的極限，地球規模異化的問題，包含有能源匱乏、地球溫暖化、臭氧層破壞、酸雨、沙漠化、海洋污染等；區域規模異化的問題，諸如熱帶雨林與溼地破壞、河川水質污染、空氣污染、廢棄物污染等。身為「地球村」的一份子，在共享地球資源之時，豈能坐視環境惡化之現象。

　　臺灣地區隨著高度經建發展，人口集居於都市，都會區過度膨脹，建築物密集林立，引發都市空氣污染、噪音、熱島現象、景觀破壞以及廢棄物擴增等環境惡化問題。筆者任教於成功大學建築系，從事建築教育與研究工作多年，綜理產、官、學、研各界的諸多知識科門，深感建築產業從企劃、規劃、設計、施工、監工、使用管理、維護保養、改建到廢棄拆除的整個建築生命週期，各階段的建築從業人士，無可避免，均必須面對大環境變遷惡化對於居住生活品質所帶來的不利衝擊，日益殷切需求建築物理環境科門的基礎知識，以正確應用於建築誘導方式與機械控制方式的改善手法。「建築物理環境」學科所涵括的知識，不再局限於學術研究的範疇，而實有必要普及植於每一位建築從業人士心中。

　　建築學科是一門應用性科門，除了部份大學院校培育高深學術研究人才之外，絕大部份的建築相關人才均投入實務的建築產業，其中由各技術及職業院校培育的各級技術人力，在國內的建築產業崗位中，無論是質量上均佔有舉足輕重的比例。有鑒於此，本書之編撰，著重

於建築實務應用，轉化筆者在建築物理教學與研究上的心得以及國內外相關文獻，以實用的圖表方式加以介紹，並輔以基礎理論知識的說明，裨能適合於專科以上之技職教育課程之使用。

　　本書內容，將建築物理環境展開，分為音、光、熱、空氣與水環境作探討。首先闡述地球自然環境與建築之關係，以及臺灣本土地區特有之自然氣候現象，並導入環境共生之概念，而後以音、光、熱、空氣、水等主要物理環境因子為章節架構，分別說明其原理定義，以及於建築設計之應用，期盼讀者對建築物理環境能先建立起通盤認知與基本觀念，能於日後發揮專業技能，使建築產業取得對自然環境與人之間的調和。如何建立與自然環境協調共生，而不危害生態的立地環境條件所需的環境控制手段，值得吾人投入更多智慧與力量加以彙整。謹此與讀者共勉之。

　　本書後附有專業術語索引、圖表目錄，以便讀者查閱，另外在文獻之引證上，註明其原典出處與參考文獻，除為尊重原作者之智慧財產權之外，亦可提供讀者更進一步研究與學習之資料。

　　本書編撰過程，參考國內外先進相關著作甚多，均詳列於參考文獻中，在此謹向諸位作者致上最高謝意。編輯小組文安、松晉、伯丞、芳銘、圭廷、憲聰、中卓、原彰、偉森、品杰、彥頤、尚鋒、啟民諸君，熱忱參與資料蒐集校對，特別是忠孝與鵬宇君在文案工作與電腦排版繪圖的盡心盡力，在此深表謝忱。

　　本書編印，承蒙三民書局編輯部先生們在排版與審查過程中的聯繫與指導，以及教育部諸位審查委員們不辭辛勞，在章節架構與專業用辭上給予意見修正，均在此深深致謝，更激勵筆者竭力以赴，不敢怠忽。惟物換星移，本書內容遺缺錯漏之處在所難免，尚祈諸位賢達先進多賜予指正，實感榮幸。

江哲銘　　謹序
於國立成功大學建築系

建築物理

目　次

第一章 自然環境

1-1　概說

　　建築設計中所遭遇的問題，部份是研討設計方案以對應自然界的各種現象，因此，地球面上的大氣現象及氣象學所研究之問題，都與建築設計有相當密切的關係。

　　我們所生活的地表面上之自然環境，大致可以分成二類。一種為**氣候的環境**，即寒暑風雨等自然現象；另一種則為**地理的環境**，即平原、高地、海岸等土地地理上之自然位置。

圖1-1.1　自然環境中的種種現象與建築設計皆有密切之關係

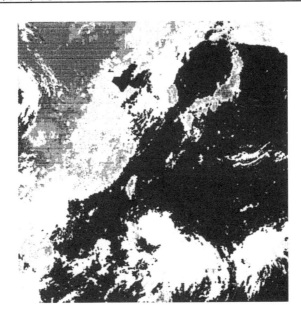

1-2　氣候與天候

氣象與氣候均為表示大氣變化的名詞，惟二者間之含義略有不同，**氣象**係指每時每刻之物理狀態；而**氣候**乃指某特定時間內，如一日、一個月、一個年間，比較長時間之氣象變化，經綜合統計所求得之結果。

天氣乃指天氣二、三日內短時間之氣象狀態，而略較長期間之天氣之綜合狀態則稱為**天候**。

氣候生成的直接原因稱之為**氣候要素**，包括大氣之溫度、濕度、風雨、氣壓、日照等各要素。而特別影響氣候要素的土地狀況，稱之為氣候因子，如土地之緯度、高度、地形、海岸距離等，即相當於前述地理的環境。

以下就分別來說明不同氣候要素的特性。

1-2.1　氣溫

大氣之溫度即稱之為**氣溫**（Temperature）。影響人類生活的氣候要素之中，以氣溫最為重要。室外氣溫的變化，對建築物室內溫熱環境有很大的影響，也就是說會影響到室內人員的舒適性。

1.氣溫之測定

通常測定氣溫使用**棒狀水銀溫度計**。測定某地區之外氣溫時，為避免周圍之輻射或日射影響，如圖 1-2.1 置水銀溫度計於**百葉箱**內測驗之。而量測任意地區之外氣溫時，須選無障礙物之場所，若附近有輻射熱源時，應以擋板在熱源方面遮擋，再以溫度計量測之。若戶外有日射可使用附有通風設備之溫度計。於氣溫特別低之地方可用酒精溫度計。若要瞭解某地區之連續溫度時，可用**自計溫度計**如圖 1-2.2。

圖 1-2.1 百葉箱 （文獻 C01）　圖 1-2.2 自計溫度計 （文獻 C01）

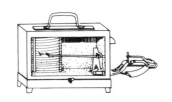

2.氣溫的年變動與日變動

臺灣地區的氣候狀況根據「冷房度時分布圖」可發現北部溫度較低而南部較高；因此在大城市的溫度差異，一般而言，北部稍冷而東部及南部較暖，冬季南北溫度差異顯著，夏季則不明顯，甚至北部反較南部為熱，此乃城市受海風或都市熱效應影響之故（詳見本章第三節）。各地平均氣溫，一年之中以一月份最低，以七月份最高，更精確地說，最冷的時候通常出現在一月底，最熱的季節通常發生在七月底。而在氣溫的日變動中，最冷的時刻通常出現在日出的時刻，最熱的時刻通常出現在午後 2 時至 3 時左右。

3.時滯現象

就北半球來說，接受太陽輻射量最多的時候應在每年夏至──6月22日，而受熱量最不足的時候應該在冬至──12月22日，但地表上最熱和最冷的時候卻比上述夏至或冬至延遲了一個月左右。在氣溫的日變動中，也呈現出這種時間延遲相同的傾向。日出時之所以最冷，是因為在夜間地表不停地散熱，直到翌日日出，太陽再度將熱量送至地面之前，氣溫會降至最低。至於最熱的時刻與太陽日射量最強的正午慢了 2 至 3 小時的情形，就是上述所謂的時滯現象，地表在早上所吸收的太陽熱慢慢地散到空中，直到下午二、三點才出現最高溫，然後隨著太陽輻射的減弱，氣溫才漸漸下降。

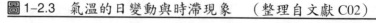

圖1-2.3 氣溫的日變動與時滯現象 （整理自文獻C02）

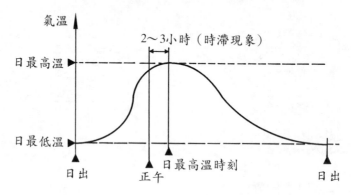

造成這種氣溫變化與太陽輻射強度變化產生時間差距的現象，是因為熱容量非常巨大的地球接受太陽輻射時，先將熱量吸收，再慢慢放出來的時間延遲現象，又稱為**時滯現象**（Time-Lag）。

4.絕對最高溫、絕對最低溫

絕對最高溫和絕對最低溫是指當地在統計期間內所曾出現的最熱和最冷的氣溫。

5.日較差（Dailyrange）

日較差是指一天二十四小時之中，最高溫與最低溫的差距（如式1-2.1）。各地的平均日較差，是由平均最高溫度與平均最低溫度（逐月最高溫度與逐月最低溫度的常年平均值）之差求得。日較差的大小隨著當地雨量、濕度、灰塵等空氣氣候狀況而異。一般而言，日較差在晴天時較大而陰雨天時較小，山區較高而平地較低。另外還有**年較差**，亦即一年之中最高溫與最低溫的差距，年較差受土地緯度的影響較大。

$$T_{dr} = T_{max} - T_{min}$$ ·· **式1-2.1**

式中：T_{dr} ：日較差

T_{max}：一天二十四小時之中的最高溫

T_{min}：一天二十四小時之中的最低溫

6.氣溫高度變化（山地氣溫修正）

隨著坡度的增加，山地的氣溫漸漸下降。山地高度每增加100m所下降的溫度稱為**氣溫遞減率**，臺灣山地氣溫的遞減情況每上升100m約下降 0.5 ~ 0.7℃左右，亦即山地氣溫遞減率在 0.5 ~ 0.7之間。換句話說，如果平地的氣溫為 25℃，那麼在海拔 1000m 的山地氣溫約為 18 ~ 20℃。不過這只是一個簡單的推算方式，實際上山地的氣候是變化萬千的，譬如在相同的高度下，向陽的坡面會比背陽的坡面溫暖，其他再加上緯度、土質、植栽的變化，使得山地氣溫變化十分錯綜複雜，如果要實際了解山地氣溫的變化情況，應以山地地區氣象測站的氣溫數據為準。

$$T_m = k \times H \times T_p \cdots\cdots\cdots\cdots\cdots\cdots\cdots\cdots\cdots\cdots \textbf{式1–2.2}$$

式中：T_m：某地區山地之氣溫

T_p：該地區平地之氣溫

H：山地之高度

k：山地氣溫遞減率 $= (0.5 \sim 0.7)/100$，單位℃/m

7.冷房和暖房度日

某一統計期間內每日平均溫度若高（低）於某一基準溫度差的總合，稱之為**冷（暖）房度日**——Cooling (Heating) Degree days，由冷、暖房度日之大小可瞭解某地區的氣溫概況，暖房度日偏高之地區較寒冷，冷房度日偏高之地區較炎熱。冷（暖）房度日的單位為℃-days。如：夏季在冷房基準溫度 26℃以上之日，將每日之外氣溫度減去26℃之值的總和稱為冷房度日。

圖 1-2.4　冷暖房度日　（文獻 C02）

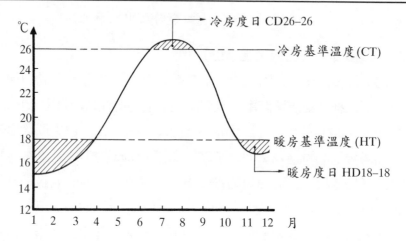

8.冷房和暖房度時

　　冷房度時（Cooling Degree Hours）是指某地一年 8760 小時的逐時氣溫高於某一冷房基準溫度的全年累算值；相反地，**暖房度時**（Heating Degree Hours）是指某地全年 8760 小時的逐時氣溫高於某一冷房基準溫度的全年累算值。冷房度時或暖房度時的指標，可用來表示某地氣溫的長期寒冷特性，以了解某地長期氣溫變化的全貌。由於「冷房度時」是全年累算的**炎熱度**（高於冷房基準溫度之溫差），「暖房度時」

圖 1-2.5　臺北市冷房度時 CDH22 及暖房度時 HDH18 示意圖
**　　　　　（文獻 C02）**

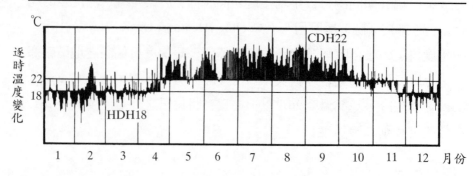

是全年累算的**寒冷度**（低於暖房基準溫度之溫差），與當地氣候的長期寒暑變動特性有關，學術界常以此來預測建築物能源消耗的指標。

1-2.2 濕度

空氣中含有之水蒸氣量有一極限，其極限值依溫度之上升而增大。空氣中所能包含之最大水蒸氣量稱為**飽和水蒸氣量**，超過此值則空氣中之水蒸氣便會凝結成水。

用以表示空氣中所含有水蒸氣量的大小稱為**濕度**，常見的表示方法有二種，一種為絕對濕度，一種為相對濕度。

圖 1-2.6　溫度與飽和水蒸氣量之關係　（文獻 C01）

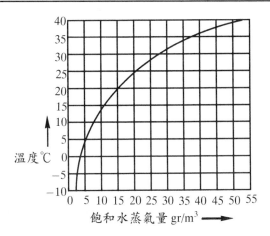

絕對濕度（Absolute Humidity）的表示方法亦有二種，含有濕氣之空氣單位體積中所含有的水蒸氣重量稱為**容積絕對濕度**(g/m³)。然而空氣之密度依溫度之改變而變動，所以用容積為單位時有許多的不便，通常氣象學上用容積絕對濕度之定義。含有濕氣之空氣其單位重量與水分重量之比，稱為**比濕**（Specific Humidity）(g/kg)，若以乾燥空氣之重量對含有水分空氣重量之比稱為**重量絕對濕度**（g/kg, kg/kg），

比濕與重量絕對濕度通常用於工學上，如設備工程中之冷暖氣、熱力學等。

絕對濕度的大小，尚不能斷定空氣之濕潤或乾燥與否，因為同樣數量的空氣，若溫度高則可以含較多的水蒸氣。如果我們要表示空氣的濕潤或乾燥程度，就必須以**相對濕度**來表示，相對濕度（Relative Humidity）即 $1m^3$ 之空氣中所含水蒸氣量與同溫度之同空氣所含飽和水蒸氣量之比。

$$相對濕度(\%) = \frac{某溫度時空氣之絕對濕度}{相同溫度下該空氣之飽和絕對濕度} \cdots\cdots 式1-2.3$$

一天之中濕度的變化有一定的傾向，通常一天之內空氣中的水蒸氣量亦即絕對濕度不會有太大變化。至於相對濕度則與氣溫變化成相反傾向，通常在氣溫最低的清晨時相對濕度昇至最高，在最高溫的午後 2～3時左右相對濕度降至最低。

1-2.3　雨及雪

臺灣地屬多雨的地帶，年降雨量多達 2000mm 以上，雨水非常的充沛，這種環境的條件對於建築物屋頂的防水，建材的腐朽是非常不好的。尤其是臺灣氣候上特有的現象，像 4、5月的梅雨及 7、8、9月的颱風，都會帶來大量的雨量及高濕的氣候。短時間之驟雨或長時間之暴雨也會造成災害，若排水適當使雨水之排洩迅速，或許可以免除災害之發生。另外**下雨日數**（指下雨量大於 0.1mm 之日數）的統計，可對建築工程的施工環境有所掌握。

在臺灣下雪的機率較小，除了一些高山地區之外，一般的建築基本上是不用考慮到雪害所帶來的影響。降雪對建築物所造成的影響包括積雪重量對建築物結構造成過大的荷重，採光不良，通風不足，潮濕的氣候，再者建築物屋頂的積雪會融解成雪水，屋頂的防排水若沒

做好亦可能造成漏水的現象。寒帶的國家在建築設計上，防雪害的考量是非常重要的。

1-2.4　風

大氣壓是單位水平面積上的大氣重量對物體表面所造成的壓力，一大氣壓為與 760mm 水銀柱高所平衡的壓力，表示普通之氣壓按平衡之水銀柱高時稱為若干 mm **氣壓**。

地球的自轉和氣溫的差異會產生大氣的對流現象，因而氣壓亦有變化，大氣的流動是由高氣壓的部分流向低氣壓的部分，換言之氣壓的差異產生空氣之流動，也就是**風**。地球上最基本的大氣大循環是由於地球赤道和南北兩極間日射量不同，海水溫度有差異所產生。

1.季節風

陸地和海洋間熱容量不同，溫度會有差異，因而產生的風稱為**季節風**，如臺灣冬季吹東北風，夏季吹西南風。局部地方單日裡也會有這種現象，白天陸地溫度較高產生上昇氣流，則風向為海洋吹向陸地，稱為**海風**；反之晚上陸地吹向海洋，稱為**陸風**。局部地區某季節內風向出現的頻率可以**風配圖**來表示（圖 1-2.7），按各地季節之不同，通常有一定的風向，也就是出現頻率最高的風向，稱為**常風向**。

2.局部地形風

因地形環境差異所造成的自然氣流稱為局部地形風。局部地形風並不如常年季節風般穩定，但在季節風不明顯時（如季節風轉型期），局部地形風就成了影響建築通風計劃之主因。局部地形風的形成完全由溫差控制，而且必須具有相當大的環境特質及溫差以形成足夠之風速，方能為建築通風計劃所用。局部地形風的風向日夜不同，白天由升降溫度較慢處吹向較快的地方（亦即熱容量較小處流向熱容量較大處），夜間則由升降溫度較快處吹向較慢處。以下為常見局部地形風之類型：

圖1-2.7　風配圖　（文獻 C02）

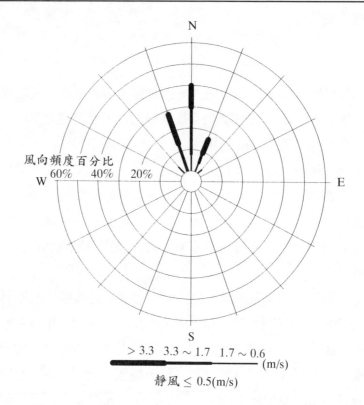

(1)海陸風　陸地較海洋升降溫快，因此白天吹海風，夜間吹陸風。

(2)山谷風　白天谷底因地形阻擋日射，溫度較山坡低，因此白天吹上坡風（谷風），夜間則相反吹下坡風（山風）。

(3)山背風　背陽坡（陰坡）白天受不到日射，溫度較向陽坡（陽坡）低，因此白天吹陰坡風，夜間吹陽坡風。

(4)林野風　位於田野與樹林交界處，白天吹林風，夜間吹田野風。

(5)庭院風　建築物之前庭後院，因鋪面材料、植栽、方位之不同，也會造成日夜不同之風向。

(6)井庭風　建築物中庭因有水池或植栽升降溫較慢，白天吹出庭風，夜間吹入庭風。

(7)**街巷風** 位於都市之建築物，因為路面比街廓內的升降溫快，白天吹出街風，夜間吹入街風。

圖1-2.8 各種局部地形風之氣流模式 （文獻 C18）

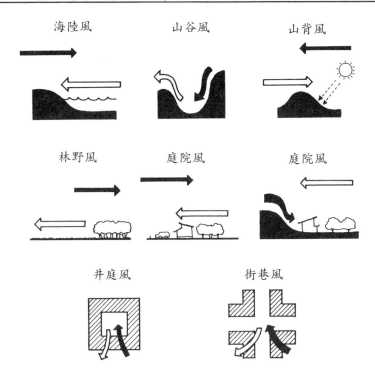

風對建築居住環境影響很大，室內環境的舒適度、高層建築物、招牌的結構設計、建築配置的通風設計等，都須有風的統計值作為設計的依據。

1−2.5 日照時間和日射

當地在一定期間內太陽直射的時間稱為**日照時間**，或稱**日照時數**。太陽照射至地面上的單位能量稱為**日射量**，一般可分為水平面全天日射量，直達日射量。日射量的大小與當地空氣中的水蒸氣量、游塵量、

雲量等大氣的清晰度（亦即大氣透過率）有關。濕度較高的地區由於空氣中水分吸收日射量之故，因此期日射量往往比乾燥地區低。像臺灣這樣海島型地區的日射量常遠比同緯度的大陸型地區為低。一般而言，由於日射量的儀器測量較不穩定，日射量較難獲得精確的數據。臺灣地區的日射量分布狀況大概由東北向西南海岸漸增。日射量的數據對於建築的耗能解析、太陽能利用等工程上十分重要。

無任何障礙之地點，晴天時日出至日沒太陽所有照射於地上之時刻數，稱為**可照時數**。某地之實際日照時數與可照時數之百分比稱為**日照率**。測驗日照時數之儀器稱為**日照計**，如圖 1-2.9所示為 Jordon 型日照計。

圖 1-2.9　Jordon 型日照計　（文獻 C01）

1-2.6　地震

地震乃地球表層即地殼之某一部份急速地發生破壞、斷層、隆起、沈陷等現象而引起之激烈震動。地殼破壞的原因很多，說法不一。以人體能感覺到的地震稱為**有感地震**，人體感覺不到但以地震計可記錄者稱為**無感地震**。表示地震強弱之大小稱為**震度**，通常震度分為8級，即有感者7級，無感者1級。如表 1-2.1所示。

表 1-2.1　地震級數　（文獻 C01）

震　度	加速度 cm/sec^2	說　　　　明
0. 無感	0～0.5	人體感覺不到
1. 微震	0.5～2	人體在靜止狀態中才感覺得到，吊燈搖動
2. 輕震	2～8	一般人均可感知，門窗略有搖動，吊燈搖動較大
3. 弱震	8～32	門、窗搖動激烈，木造之房屋動搖
4. 中震	32～128	木造房屋搖動激烈，置放之器物傾倒
5. 強震	128～200	牆壁發生龜裂
6. 烈震	200～300	房屋 30%倒塌，會發生山崩等情況
7. 激震	300～500	房屋 30%以上倒塌，地面產生隆起沈陷等地變，並發生地表龜裂的現象

　　圖 1-2.10 係地殼之垂直截面，EA 截面表示地表面，F 點表示地殼發生震動之處，稱為**震源**，由震源至地表面最短距離處，稱為**震央**，即地表面 E 點，震央為地震產生時，地表發生震動最早之點。震央至觀測點的距離稱為**震央距離**。

　　大地震之後常有續發性的小地震，稱之為大地震之**餘震**。而大地震對餘震而言則稱為**原震**。通常餘震之強度隨次數增加而變小。在原震前所發生者稱為**前震**。

圖 1-2.10　地震　（文獻 C01）

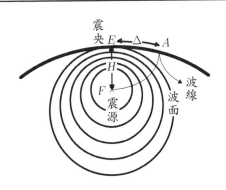

1.地殼變動之現象

　　土地之變動中可包括火山之爆發、沖積層之地盤下沈、海流之侵蝕、地層滑動等。我們所要探討的地殼變動乃隨地震所發生之急劇變動，如較大之斷層、隆起、沈陷等。

　　所謂地震之斷層乃土地之上下或水平之斷裂，經過長時間形成之現象。斷層中規模較小者稱為地裂。實際斷層與地裂頗難分別，地裂大部分發生於池沼邊緣之填土、回填土、堤防等等地形特殊而地盤軟弱處；斷層則貫穿山野進入較深之部位，即要產生斷層之動力較地裂來得大。

　　隨地震之發生而產生之土地凸起現象，稱為**隆起**；產生土地之凹陷現象者，稱為**沈陷**，有時深可積水，也常有深達數十公尺而變為池沼湖泊等，或有海水浸入等情形。

2.地震造成之建築物破壞

　　地震發生時使建築物破壞的主要原因，乃是因為地震之**加速度**。通常鋼骨之建築物較不容易倒塌，再者為鋼筋混凝土建築物，最容易發生破壞之建築物為無鋼筋補強之磚造或石造建築居多。此類建築因其質量較大，故地震動之加速度若大，則建築物所受之外力亦增大，且又缺少耐震結構，所以容易倒塌。木造建築雖具彈性，但仍非耐震構造，這是因為木造結構柱、梁等之結合點太複雜細密的原因。若接點加螺栓等固定鐵件固定可以增加耐震性。另外木造房屋對扭振動之抵抗頗低，可以以斜撐或拉桿加以補強，則受害情形可略輕。

　　地盤軟弱處發生地震時房屋容易倒塌，尤其是沖積層之地帶（指沈泥之沖積層）破壞情形更為嚴重。如臺北盆地即為一沖積地，又為盆地地形，地震發生時，地震波往往在盆地內來回傳播，更容易加大其破壞的力量。

表1-2.2　各種建築物之自由振動週期　　（文獻 C01）

建築種類		自由振動週期(sec)
木造房屋		0.6
鋼筋混凝土造	一層	0.3～0.4
	二層	0.4
	三～四層	0.8
短形建築	長向	0.8
	橫向	0.8

　　建築物依其構造與所使用之材料有一定之**自由振動週期**，即**固有頻率**。 地盤依沖積層之厚度不同，在地震發生時也有一定的振動週期。若土地上所建造之房屋的振動週期與該土地振動週期相一致，當地震發生之時就容易產生共振，使房屋之破壞更為劇烈。

1-3 大氣候分區與微氣候現象

1-3.1 大氣候分區

　　氣候的變化萬千，除了隨著時間在變動之外，也會因地區性的差異而有不同，如果沒有一種簡便而有效的氣候指標，人們很難確切地瞭解當地千變萬化的氣候特性。以下為成大建築系林憲德教授針對建築應用的需要，於 1987年完成的臺灣建築氣候分區圖。

　　圖1-3.1是根據「冷房度時分布圖」和「年平均濕度分布圖」綜合而成的**臺灣地區建築氣候分區圖**（文獻 C02）。此圖將臺灣本島及澎湖島分割成 12區，而形成六種氣候區，其每一區的特徵如下：

1.次熱高濕區

　　此區包括臺灣北部地區臺北、新竹、桃園、宜蘭等縣市的盆地和丘

圖1-3.1 臺灣地區建築氣候分區圖 （文獻 C02）

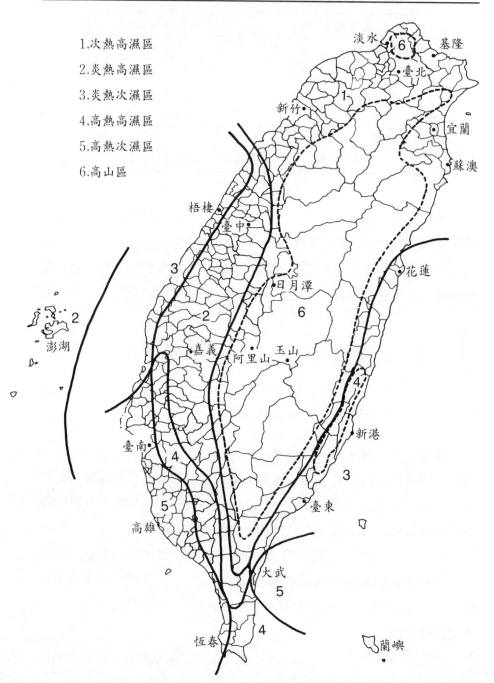

1.次熱高濕區
2.炎熱高濕區
3.炎熱次濕區
4.高熱高濕區
5.高熱次濕區
6.高山區

陵地區，以及本島山脈四周海拔 500m 以下的狹長山麓地帶。此區年平均相對濕度大於 80%，日照比南部較短，冷房度時在 28000～32000（℃·h）之間，比其他平地區域較不炎熱。此區由於濕氣較高，物品通常容易孳生黴菌，因此居家應注意環境衛生，建築設計首重通風、防濕及防結露設計。

2.炎熱高濕區

此區包括西部沿海以外的臺中、彰化、雲林、嘉義等縣市的平原地區，以及臺南、高雄、屏東等縣市之近山麓狹長丘陵帶和澎湖縣等地區。此區日照充足，氣候炎熱，冷房度時為 32000～40000（℃·h），年雨量只有 1000mm 左右，雨量較少，但年平均相對濕度大於 80%，感覺仍相當潮濕。本區之建築設計除應重防潮、通風設計外，遮陽、防暑設施亦應加強。惟澎湖地區多風，年平均風速大 (14.2m/s)，建築應兼顧防風及防鹽害設計。

3.炎熱次濕區

此區包括臺灣西部臺中、彰化、雲林、嘉義等縣之沿海地區和東部花蓮、臺東等縣之狹長平原地帶。此區冷房度時為 32000～40000（℃·h），與上區相同，氣候炎熱，惟年平均相對濕度小於 80%，不若上述兩區潮濕。此區多位於海邊，風速較高、強風日數也長，建築設計除在防暑、遮陽之考量外，亦應注重防風及防鹽害。

4.高熱高濕區

此區分布在臺灣西南平原地區，亦即嘉義、臺南、高雄、屏東等縣之平原地帶，以及屏東半島的東南部分。本區冷房度時大於 40000（℃·h）以上，年平均相對濕度大於 80%，氣候非常炎熱潮濕，日照十分充足，但在冬季有乾旱情形。此區建築設計應特別要求防暑、通風、遮陽以及植樹防烈日之考量。

5.高熱次濕區

此區分布在臺灣西南部臺南、高雄、屏東等縣市沿海地區，以及

大武附近沿海區。本區冷房度時大於 40000（℃·h），相當炎熱，但氣候較不潮濕，尤其冬季乾旱十分明顯。此區的建築設計與上區同樣需嚴格要求防暑、遮陽、植樹之考量，沿海地區尚須注重防風和防鹽害之要求。

6.高山區

此區包括海拔 500m 以上的山地區域，氣候隨著高度增加而轉涼，年雨量充沛，濕度甚高。建築設計上應注重防濕與防土壤流失之考量，局部地區氣溫甚低，亦應考慮結凍之影響。山地區域範圍廣泛且地形較複雜，氣象測站稀少，氣候資料較不齊全，本區分布圖尚不足以參考。從事建築設計應以最近測點之實測氣候資料做為設計參考，才能達到因地制宜的效果。

氣候在地理分布上的變化，本身是連續而漸變的，氣候分區只是幫助掌握氣候特性之簡便法則而已，實際之氣候現象並非是間斷性的幾個分區。另外氣候常年的變動會使分界線上之氣候現象有微小的誤差，尤其在分界線附近處，難免具有微小的出入，設計者不必拘泥嚴格的分區。

本氣候圖屬於尺度較大的分區，對於特殊地形或都市化之微氣候因素自不能完全呈現出其現象。設計者應隨建築物周圍之地形地物，考慮微氣候的特性，以便於設計之調整。圖 1–3.1 之建築分區圖雖是根據實測資料繪製而成，但是從事建築設計者在應用時必須瞭解上述之原則，以免濫用。（參考自文獻 C02 整理）

1–3.2　微氣候現象

氣候的現象，雖然可以從整個氣候分區去了解大致上的氣候特性之外，但是仍有一些局部地區上的微氣候現象，無法從整個大氣候分區判讀之。近年來學術界廣泛研究的結果，發現都市地區與鄉村地區兩者之氣象現象有相當程度之差異，而造成此種差異之原因，為都市

地區因建築物稠密以及大面積之道路或地面鋪設造成熱容量增大，以及燃燒所排放之廢氣、灰塵和空氣污染物等聯合作用之影響，造成都市地區的熱島效應與陽傘效應之現象，而且此種現象有逐漸顯著及惡化的趨勢。

市區與郊區間之溫度差並非是因地形變化所產生之現象，而是一些都市複雜因素所造成。典型的**都市熱島效應**（Heat Island）如圖1-3.2所示。圖中郊區邊緣氣溫突然急速升高，稱為「**懸崖**」（Cliff）；鄰近商業區溫度普遍升高，稱之為「**高原**」（Plateau）；到了市區中心高樓大廈密集區域的溫度最高，則稱為「**高峰**」（Peak）。而形成熱島效應的因素，可分析為以下三點：

1.建築物大量吸收太陽輻射；
2.道路鋪面巨大之熱容量；
3.較少植物而無法將部份的熱能應用到蒸發之過程上。

圖 1-3.2　都市的熱島效應示意圖（文獻 C02）

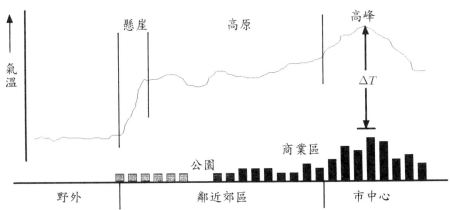

都市不斷惡性發展的結果，使都市氣候逐漸趨向高溫化，至於都市中所產生之煙和灰塵在都市上空所形成之霾幕（**陽傘效應**），則在午間吸收可觀之太陽輻射和天空輻射，如此將遮斷一部分之熱能，使市

區下午的氣溫，大體和郊區相當，但到了夜晚建築物和街道，因在日間已吸收大量之熱能，且有許多反覆輻射存在牆壁及其他人造材料之間，以至於空氣冷卻趨於緩慢甚至晨間仍比四周郊區空氣高溫得多。有關熱島效應所造成的**都市氣候高溫化現象**，以臺北市為例，圖1–3.3為臺北市自西元1900～1985年之氣溫長期趨勢，由圖中可知臺北從1950年後氣溫總趨勢逐漸上升，而同時之中國大陸及全球溫度卻是下降之趨向如圖1–3.4所示，由此可知臺北市近年來氣溫之逐漸升高，應屬都市發展之結果。

圖1–3.3　臺北年溫、冬季及夏季、二月及八月5年平均之長期趨勢（文獻C02）

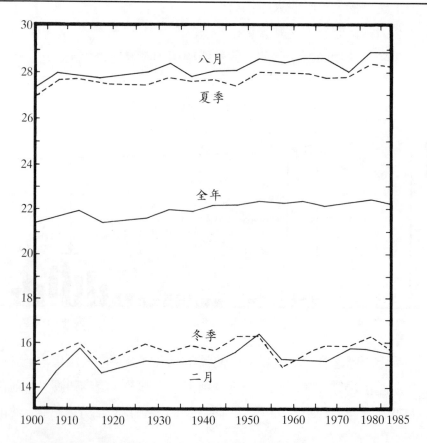

圖 1-3.4　中國大陸及全球溫度下降趨勢　（文獻 C02）

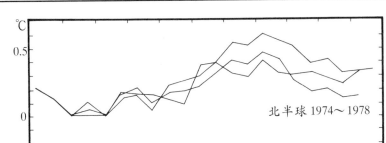

　　都市惡性發展除了使都市氣候趨向高溫化外，亦會造成都市之乾燥化，亦或稱沙漠化。由於灰塵及燃燒所產生的廢氣，使都市天空遍佈受污染之空氣層，降低能見度，同時因都市缺乏蒸發面，植物蒸散作用減弱，氣溫較高以及降水迅速流入溝渠而排出該地區，使得絕大多數稠密的都市地區較空曠的郊區乾燥。綜合來說都市氣候最主要的現象，為隨著都市逐漸發展，其氣候逐漸趨向**高溫化**與**乾燥化**。（參考自文獻 C02 整理）

1-4　臺灣氣候特性

　　1-3 節所介紹的臺灣建築氣候分區圖，是根據「冷房度時分布圖」及「年平均濕度分布圖」綜合而成的氣候分區圖，此分區圖將臺灣的氣候特性分成了六種區域，每個區域大致上有相同的氣候特徵。其實，氣候的變化是很難以捉摸的，上述的氣候分區也很難將臺灣的氣候特性完全地表示出來，尤其是地方性的氣候特徵。以下就依據不同的氣候因子來討論臺灣的氣候特性。

1-4.1　臺灣地區氣溫的特性

　　臺灣地區各城市的平均溫度，大體上來說，北部稍冷而東部及南

部較暖和。由於臺灣屬**海島型氣候**，受海風的影響，冬季南部與北部的溫差顯著，夏季則南北溫差較不明顯。各地的平均氣溫，一年之中以一月份最低，而以七月份最高，最冷的時候通常出現在一月底，最熱的季節通常發生在七月底，此種最熱和最冷的時候比夏至或冬至晚了一個月的現象，就是1-2節所介紹過的**時滯現象**。

在絕對最高溫和絕對最低溫方面，臺灣各地的絕對最高溫之中，臺北曾達到38.6℃，臺中曾達到38.2℃，比其他都市高出甚多，顯示出其盆地氣候高溫的特色。而各地的絕對最低溫中，玉山曾達 −18.4℃，平地測站中，臺中曾達 −1.0℃，臺北曾達 −0.2℃，其餘都在0℃以上，因此在臺灣的氣候條件下，平地結凍的可能性很少。

1-4.2　臺灣地區濕度的特性

臺灣位屬**高溫高濕氣候**。高濕的氣候對居家的衛生不利，細菌容易繁殖，物品易潮濕發霉，建築物容易腐化，降低建築物之生命週期，有些建築的隔熱材料不耐潮濕，降低隔熱的功效，使建築的能源消耗擴大。

臺灣全年平均相對濕度分布如圖1-4.1所示。亞熱帶海島型氣候的臺灣各地的相對濕度都相當高，約在75 ～ 90%。西岸和東岸的海岸狹長平原地帶較為乾燥，年平均相對濕度在80%以下，可能是日照強而植栽稀少的緣故。其他的平原地區年平均相對濕度多在80%以上，丘陵地區因氣溫較低，相對濕度通常更高，如林口和新竹丘陵地區，相對濕度特別高且多雲霧。

1-4.3　臺灣地區雨量的特性

臺灣各地的年平均降雨量分布如圖1-4.2所示。由1-4.2 的分布圖來看，山區年雨量多在3000mm 左右，雨量最為豐富，其他區域由山區往海岸漸減，其中以中西部海岸地帶的年平均降雨量最小。中央氣象

圖1-4.1 臺灣地區相對濕度分布圖（R.H.=80%）
（整理自文獻C02）

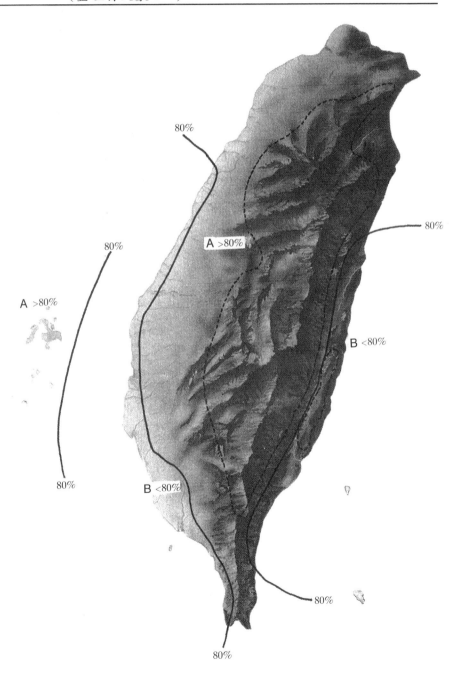

圖1-4.2　臺灣地區年平均降雨量分布圖（單位：mm）
　　　　（整理自文獻C02）

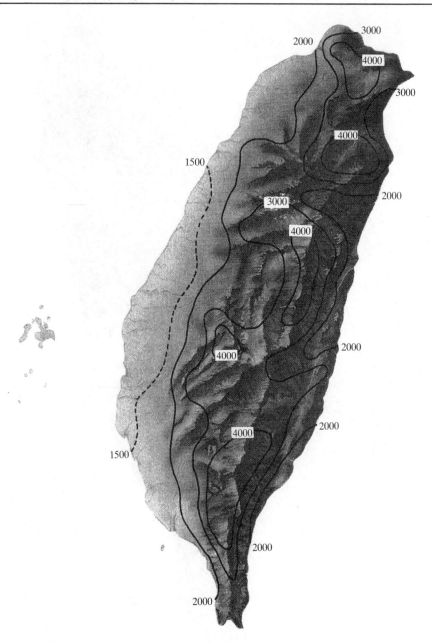

局測站的年雨量分布資料中，以澎湖 1018mm 和東吉島 876mm 最少，以陽明山鞍部的 4588mm 最多。

在各地日最大降雨量的統計值，其中以阿里山最大，達 874.3mm/日。陽明山鞍部 749.5mm/日也非常大， 1987 年曾造成臺北市大水災。而在各地的一小時最大降雨量統計值，以臺南七月份的 13.3mm/hr 為最大，應為夏季驟雨所致。

而臺灣各地的下雨日數分布如圖 1–4.3 所示，與年平均降雨量的分布情況很類似，以山區多而平地較少，尤以西海岸地區更少。平地中以宜蘭雨日 213.5 天為最多，所以有「**宜蘭雨**」之稱。而澎湖和東吉島的雨日最少，這是因其為平原的地形之故。

1–4.4　臺灣地區風的特性

臺灣地區的平均風速統計值中，以蘭嶼、澎湖等離島地區風速最大，而以群山環繞的日月潭風速最低。圖 1–4.4 為臺灣的年平均風速分布圖，由此可以看出，臺灣東北部及臺中以南之西南沿海區和屏東半島地區的年平均風速較大，均在 3.0m/sec 以上。枋山與楓港（位於恆春半島上）一帶由於**落山風**（及**焚風**）的影響，年平均風速更高達 5.0m/sec 以上。然而，由於風速受地形、地物的影響很大，此風速分布圖只能描述一區域粗略風速分布情況而已，並不能精確地掌握各地的風行為，設計者應該以該地測站的實測風速資料為設計之依據。

1–4.5　臺灣地區日照的特性

圖 1–4.5 為臺灣地區年平均日照時數分布圖，日照時間以西南平原地區較高，尤其臺南、高雄沿海地區更高達 2000 小時，山地區域由於雲霧較多的影響，日照時間多在 1000 小時以下。

圖 1–4.6 是臺灣地區水平面日射量分布圖。由分布圖來看，臺灣地區的日射量分布狀況大致上由東北向西南海岸漸增，尤以臺南、嘉義、

圖1-4.3　臺灣地區年下雨日數分布圖（單位：日）
　　　　　（整理自文獻 C02）

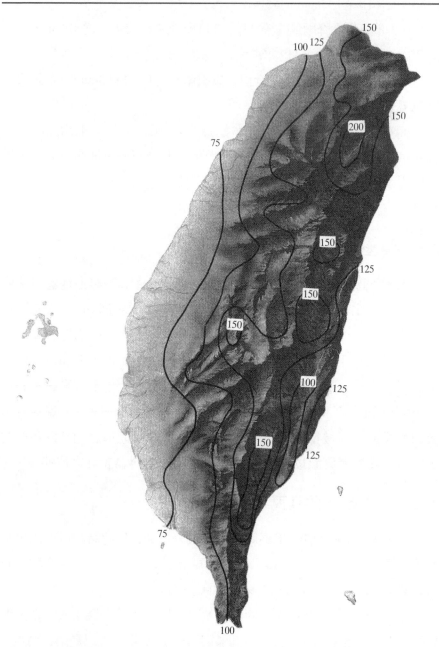

圖 1-4.4 臺灣地區年平均風速分布圖 （整理自文獻 C02）

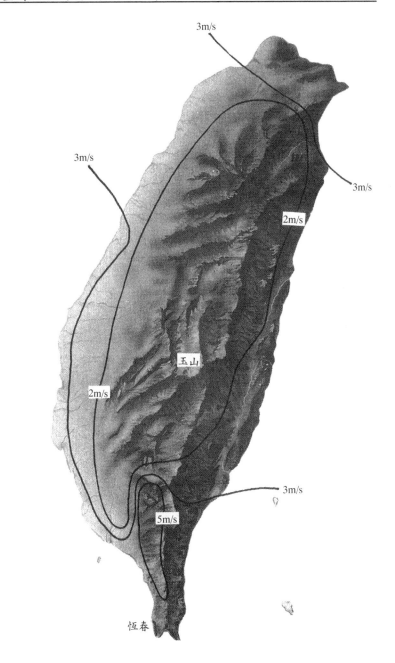

圖1-4.5　臺灣地區年平均日照時數分布圖　（整理自文獻 C02）

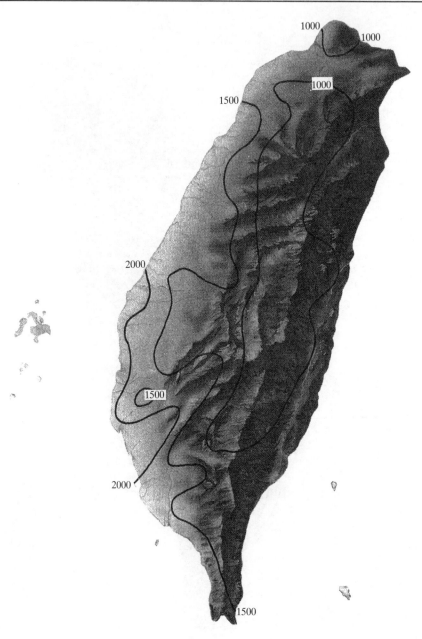

圖1-4.6　臺灣地區年平均水平面日射量分布圖（單位：W/m²·day）
　　　　　（整理自文獻C02）

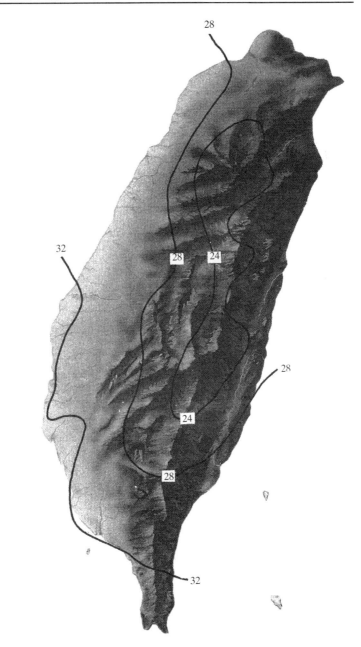

雲林的沿海和恆春半島最大。平地區中以臺北、基隆、宜蘭等東北角日射量最小。山地區域由於雲霧的增多而日射量漸減，但在海拔 3000m以上的高山區，可能會因雲量少和乾燥之故而日射量大增，然而，因為高山區的測站不足，尚無法完全印證此推論。上述之日射量數據對於太陽能利用、建築的耗能解析等工程上十分重要，從事建築設計者在設計時亦應詳細參考當地之日照資料。

1_{-5} 氣候圖

　　氣候要素為住居或保健衛生上所必須之條件中最重要者，而在氣候之要素中，以濕度與溫度對人體的舒適感覺影響很大。組合氣候要素所製成之圖形稱為**氣候圖**（ Climograph ）。為了說明各地全年的溫濕氣候概況，而將逐月的平均溫濕度組合起來的圖示，稱為**溫濕度氣候圖**。圖 1–5.1即為臺北、太原、雅加達（ Jakarta ）、巴格達（ Baghdad ）、Anadyr（西伯利亞東岸都市）五城市的溫濕度氣候圖的情形。溫濕度氣候圖如 Anadyr 偏於圖形右下者為濕冷型氣候，巴格達偏於左上者為乾熱型氣候，偏左下者為乾冷型氣候，而臺北及雅加達偏於右上角，氣候是屬於濕熱型氣候。因此可以看出臺灣的氣候特性是與東南亞地區的濕熱氣候接近，為了居家環境的舒適性和人體健康，建築設計上應注意通風換氣來排除熱濕之氣，而在防止日射方面，應盡量採用深的遮陽裝置以擋日射。

　　齊藤氏在 1975 年提出**乾性及濕性黴菌生育範圍**，乾性黴菌的生育區比濕性黴菌大，在圖1–5.2 的溫濕度氣候圖中，同時繪入了**黴菌生育範圍**以及高雄與宜蘭的月平均濕度。我們可以看出高雄與宜蘭兩地幾乎都在乾性黴菌的生育區內，其實臺灣的濕熱氣候下，其他地區也是同樣的狀況，因此臺灣地區的建築應特別注意通風以確保健康。高濕的氣候對物品的儲藏、曬衣、乾燥等居家衛生和生理健康都較為不

圖1-5.1 都市氣候圖 （文獻C03）

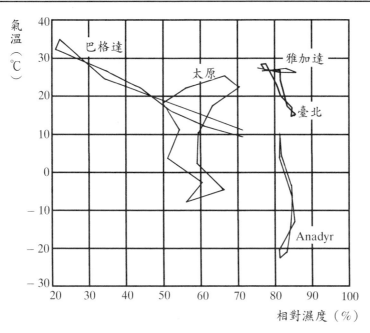

圖1-5.2 臺灣的都市氣候圖與黴菌生育區之關係 （文獻C03）

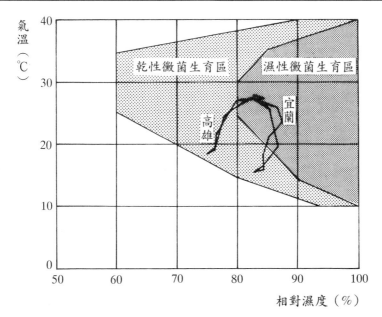

利，住家宜採通風容易的構造、開口率大的建築樣式。

1-6 自然環境與建築之關係

1-6.1 自然環境與建築環境、都市環境

自古以來，人類的居住問題不外乎擋風、遮雨、防寒、保暖、避暑、及隱私性等等問題，從最早最簡單的築巢而居，在人類的智慧下，逐漸地改良建築的方式，譬如為了採光和通風，而有了窗戶的設計。巧妙地利用一些建築的手法，將自然界中有利的因子引進人類生活的環境內，創造更舒適的生活空間；而自然環境中對人類生活有妨害的因子，也必須利用建築的手法來抵抗，使其影響減至最低，譬如夜間的照明、空調設備等等。

如圖 1-6.1 所示，建築是存在於自然環境中的一部份，自然環境的因子對建築的室內環境影響最大，建築物周圍的氣溫、風速、日照等等自然界之氣候因子，都會對建築物的室內環境造成影響。因此，我們把建築物周圍會對其造成影響的自然環境因子統稱之為**建築環境**，而許多建築環境組織起來就成了**都市環境**，都市環境是人類的社會活動所形成的特殊環境。

1-6.2 環境共生

在人類的活動與人類塑造建築環境及都市環境的過程中，不免對地球的自然環境造成一些影響及破壞，諸如資源的消耗、空氣之污染等，尤其十九世紀末工業革命以後，由於工業化的發展、科技的進步、人口加速地成長，對於地球生態環境的破壞更是加劇。二十世紀末期，地球環境異化的警訊已廣受世人關注，人類開始反思工業時代過度經濟開發而忽視的環境保育工作，已為下世代人類的生活環境帶來無以

圖1-6.1　自然環境與建築環境、都市環境　（整理自文獻J03）

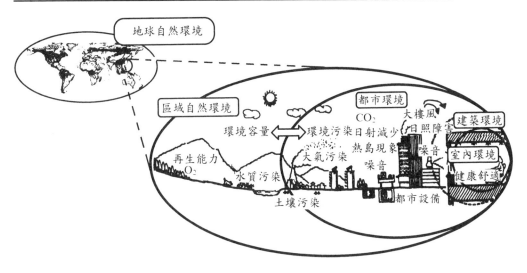

圖1-6.2　地球環境破壞之項目概要　（整理自文獻J07）

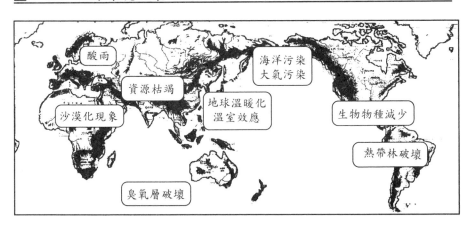

回復的生存危機。1992年於巴西里約熱內盧召開之世界環境保護高峰
會議，與1994年於埃及召開之世界人口會議，無一不為下世代人類生
活環境之發展預為研討，預做準備。

　　臺灣地區除了來自整體地球環境的影響之外，隨著高度工商經濟
成長，人口集居於都會區內，既有都會區過度膨脹發展，引發種種都

市環境惡化的問題，另外，各項地球環境問題並非單獨存在與獨立影
響性的，而是以相互作用之因果循環關係，加速導致地球環境生態之
不平衡，而人類將如同曇花一現般，絢爛卻短暫地出現在地球億萬年
時光之中，地球環境問題之因果關係如圖1-6.3所示。

圖1-6.3　地球環境問題之因果關係　（文獻 C04）

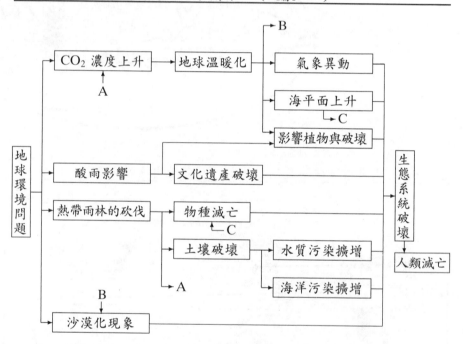

引用 Alvin Toffler （第一～三波）、Maynard 與 Mehrtens （第四
波）的「歷史之波」概念，集體意念與實踐結合為一，所形成的一股
能量波浪 (Wave) 表現，而歸納出今日社會邁入第四波，如圖1-6.4 所
示。綜合第四波以及對第四波之後的預測，面對今日地球環境所面臨
的惡化問題，可歸納為兩大方向因應課題：

　　1.減緩對地球資源的開發成長量

　　2.提升地球涵容極限

圖 1-6.4　環境共生的時代意義　（文獻 C05）

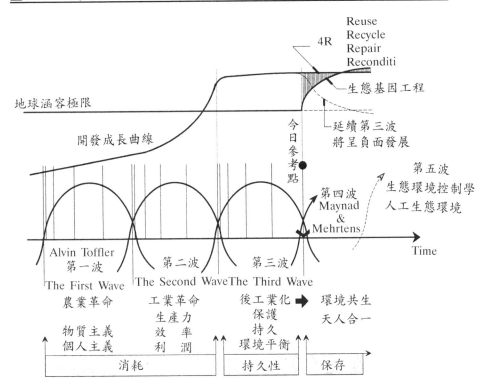

　　因此，使人類活動與自然環境和諧共存，亦即**環境共生**，是當前人類刻不容緩的研究方向。就環境共生領域之實質建築環境與都市環境而言，攸關舒適、健康環境因子之建築物理與環境控制手段，是主要的建構要件，如何建立與自然環境協調共生，不危害生態之立地環境條件，並因應因自然環境遭破壞，而需以環境控制手段達到共生目的之建築處理手法，是值得我們投入更多智慧與力量。

關 鍵 詞

1–1 自然環境、氣候環境、地理環境

1–2 氣象、氣候、天氣、天候、時滯現象、度日、冷暖房度時、絕對
濕度、相對濕度、季節風、地形風、風配圖、日射量、日照率、
地震級數、自由振動週期

1–3 大氣候分區、微氣候現象、熱島效應

1–4 下雨日數、宜蘭雨、落山風

1–5 氣候圖、溫濕度氣候圖、黴菌生育範圍

1–6 建築環境、都市環境、環境共生

習　題

1.臺灣夏季屬高溫多濕之氣候，在建築設計上有哪些注意要點？

2.季節風與局部地形風有何不同？在建築上有何影響？

3.試述臺灣地區的建築氣候分區及其特徵。

4.何謂都市氣候的熱島現象？有何特徵？

5.試述溫濕度氣候圖在建築設計上之應用。

6.試述自然環境與建築之關係及環境共生的意義。

第二章 室內氣候

2-1　概說

2-1.1　室內氣候與室內舒適環境

　　室內的環境一般與外部的不同，其具有獨特的氣候，稱之為**室內氣候**（Indoor Climate）。室內氣候與我們的生活直接發生關係，無論是在室內休閒娛樂，或是讀書、工作、休息，室內環境的舒適性皆與我們的生活有密切的關係，只是不同場合所要求的室內氣候狀況不同而已。

　　廣義而言，建築的室內舒適環境主要的影響因素包括**美學的因素**、**心理的因素**、**生理的因素**、**機能的因素**。美學的因素是指空間構成的水準，包括造型、比例、象徵等等；心理的因素是指會影響心理上感覺的建築因子，包括色彩、對稱、空間感等等；生理的因素是建築物理環境主要的研究方向，影響建築室內舒適環境的生理因素包括了音、熱、空氣、光等物理環境要素，詳細如表 2-1.1 所示。機能的因素主要是指動線的安排是否恰當，不適當的動線設計會導致在室內的人員容易疲勞，及心理上的不舒適感。

表 2-1.1　影響室內舒適性的物理環境要素　（文獻 J03）

環境要素	生理的影響要因	心理的影響要因
音	音響障害、明瞭度、噪音、衝擊音、振動	音響效果（餘響、音質）、樂音
熱	氣溫、輻射、濕度、氣流	日光浴
空氣	O_2、CO_2、CO、NO_x、灰塵、臭氧、細菌	風、味道
光	明視（照度、CLEAR）、保健、殺菌	視野、照明設計、採光、色彩

上述室內舒適環境的影響要素之間有彼此影響且相輔相成的關係。而本章中要探討的室內氣候，是以室內溫熱及空氣之舒適性為主題。

2–1.2 空氣環境之基準

空氣品質之舒適性從新鮮度、健康度的正面角度來觀之，反面指標反而容易衡量空氣環境品質。

依中華民國建築學會「換氣與空氣調節設備技術規範」與日本「建築基準法」的規定，室內空氣環境的基準如表 2–1.2 所示。維持空氣品質所需之換氣、空調等計算基準多以 CO_2 濃度為基準。一般而言，戶外的新鮮空氣中約包含 0.03% ~ 0.04% 的 CO_2，而人類呼氣中的 CO_2，濃度則在 4% 左右。在表 2–1.2 中 $CO_2 < 1000ppm$ 之基準規定下，室內每人所需的換氣量約在 30m³/h·人以上。

表2–1.2　室內環境基準　（文獻 C12）

項　　目	基　　　　準	備　　　　註
1.粉塵量	0.15mg/m³ 以下 （以 10μm 之粉塵為計量值）	
2.CO	10 ppm 以下	9ppm （ASHRAE）
3.CO₂	1000 ppm 以下	1000ppm （ASHRAE）
4.溫度	17 ~ 28℃ 室內外溫差 4 ~ 7℃	
5.相對濕度	40 ~ 70%	有空調設備時
6.氣流	0.5 m/sec 以下	

室內粉塵量大部分來自吸煙，為了維持室內品質，同時為了節省換氣、空調所消耗的能源，辦公室中應設有吸煙室，以控制吸煙所帶來之粉塵及有害物質。此外空氣中之細菌數、臭氣、放射性物質、帶電離子亦會影響空氣品質。尤其有些室內壁材會放出有害放射性物質，

會引發致癌危險性。因此對室內維持相當水準之換氣量是必要的。如部份大理石會釋放出氡氣引發致癌危險性。因此對室內維持相當水準之換氣量是必要的。

2-2　體溫與生理

2-2.1　人體熱平衡

　　動物因攝取食物而在體內發生酸化作用，因其能量之變化結果而變為熱，而產生體溫。通常健康之身體，擔負輕作業者每日約需3000kcal之熱量，這些熱量大部分為保持體溫而被消耗。

　　人體生理機構對體內熱量之產生程度，依其自身體表面所散失之熱量多寡予以調整，而經常保持約一定之體溫。此項體溫之平衡狀態可說明如下：

$$S = M \pm R \pm C - E \quad\cdots\cdots\cdots\cdots\cdots\cdots\cdots\cdots\text{式 2-2.1}$$

　　式中：S：體內蓄熱（人體目前之體感熱量）

　　　　　M：人體生熱（人體內部所生出之熱量）

　　　　　R：由周圍輻射所接受或散失之熱

　　　　　C：依對流所接受或散失之熱

　　　　　E：由蒸發所散失之熱

　　人體經常調整 C、R、E 以控制 $S = 0$ 的狀況。當 S 值接近 0 時感覺舒適，而 S 值為負時感覺漸涼，S 值為正時感覺漸暖。亦即人體與周圍環境維持一熱平衡狀態，人體不失熱亦不得熱即為舒適之熱環境狀態。

圖 2-2.1　人體熱平衡　　（文獻 J03）

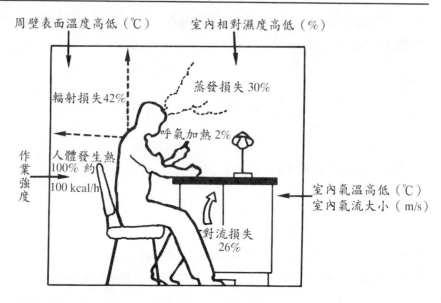

2-2.2　體溫調節機能

　　人體之所以能忍受外部環境中寬廣之寒暑範圍，是因為由體內不斷地更換供給皮膚表面之血液，以調整自身體表面所散失熱量。通常外氣溫度較低時，血管則收縮，自體內供給皮膚表面之血液減少，皮膚表面溫度降低；外氣溫度較熱時，血管則膨脹，體內供給皮膚表面之血液增加，皮膚表面溫度昇高。

　　皮膚及肺部所蒸發之水分亦為一散熱之原因，皮膚表面之汗被蒸發時，吸收一部份潛熱，在暑熱氣候中依輻射、對流所散失之熱不完全時，則依發汗而使熱散失。因此在高溫低濕之外氣中，因發汗所散失之熱較大；而風速較大時，則因對流所散失之熱量較大。

圖 2-2.2　人體各部位溫度與室溫　（文獻 J01）

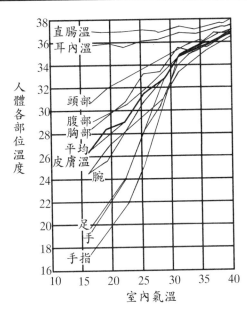

2-2.3　人體生理與室內環境

　　人體與室內氣候間的關係乃立足於微妙生理及心理反應上，而此反應乃藉由生理所接受的刺激產生，但此一刺激並非由於單一的環境要素所造成，綜合來說，影響人體冷熱感覺之要素如下表：

表 2-2.1　影響人體冷熱感覺之要素

外周環境的要素	人體狀況的要素
1.氣溫	1.工作強度
2.濕度	2.著衣量
3.周壁溫度	
4.氣流	

　　表中各項要素解釋如下：

1.氣溫

空氣中的溫度大小，依乾球溫度計表示。

2.濕度

空氣中所含水蒸氣量大小。

3.周壁溫度

四周牆面之輻射溫度。

4.氣流

空氣的流動稱為氣流。氣流的快慢會間接影響溫度及濕度與人體的感覺。

5.工作強度（代謝率）

人體本身是一個生物機體，無時無刻不在製造熱能與放射熱能，以便和外界環境達成一種「**熱平衡**」，因此，輻射之熱量隨著環境不同而有所改變；例如秋冬時，人體的散熱顯著的降低，以維持個體所需，若於夏天，則大量放射熱量，以降低不舒適的程度，同時人體之產生熱量亦隨著活動、人類種別、性別之不同，而有所差異，如表 2–2.2 所示。

人體經由各種方法或途徑所消耗之能量稱為**代謝量**，而人體在安靜狀態（空腹、仰臥狀態）時所產生之熱量稱為「**基本代謝量**」。成年男子（標準體格為身高 177.4cm，體重 77.1kg，體表面積 1.8m^2 之美國規定）靜坐時，每單位表面積之代謝率為 58.2W/m^2 左右，稱為 1 MET（Metabolic Rate），為人體發熱量之標準單位。而日本人（平均體表面積 1.6m^2）的基本代謝率約 56W/m^2。一般來說，人體表面積每差 1m^2，代謝量約差 35W。而工作時之代謝量與安靜狀態下之基本代謝量之比率稱為代謝率，如式 2–2.2。人體在不同的工作強度之下的散熱量，以 MET 為單位來表示的話就如圖 2–2.3 所示。

$$MET = \frac{\text{工作時之代謝量}}{\text{安靜狀態下之基本代謝量}} \cdots\cdots\cdots\cdots\cdots \text{式 2–2.2}$$

表2-2.2　人體的放熱量 (kcal/h·人) O₂ 消耗量及 CO₂ 發生量 (文獻 J03)

作業程度	適用例	人體放熱量代謝率 (MET)	室　　溫								O₂ 消費量 ℓ/h·人	CO₂ 發生量 ℓ/h·人
			20℃		22℃		24℃		26℃			
			SH	LH	SH	LH	SH	LH	SH	LH		
躺臥、休息	劇場、中小學校	1.0	59	18	56	22	51	27	46	33	17	15
坐姿、非常輕作業	高中	1.1	65	26	58	30	53	36	46	43	20	18
辦公作業	辦公室、旅館、大學	1.2	66	34	61	40	54	46	46	53	21	20
站姿、步行作業	銀行、百貨公司	1.4	68	44	62	49	57	55	47	64	25	23
輕作業	工場	2.0	87	81	77	90	65	95	53	114	35	33
重作業	工場、保齡球館	3.7	141	181	129	193	117	206	107	218	67	64

圖 2-2.3　人體代謝率圖　（文獻 C02）

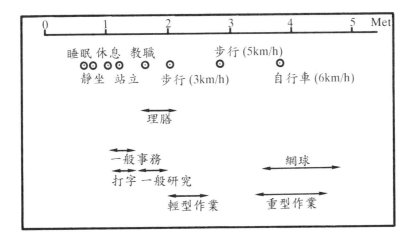

6.著衣量

　　著衣量亦可影響及調整人體之舒適感，例如在冬天裡人們穿上厚重的衣物，以隔絕冷空氣保持身體之溫暖，而在夏天大家則穿著短袖或通風涼快之少量衣物，以加速人體之散熱，而達舒適程度，故著衣量之多寡亦會影響人體之舒適感。著衣量之單位為 clo。1clo是指在21.2℃，50%，0.1m/s之空氣條件下，人體感覺舒適時之著衣量。若以衣服之隔熱程度表示的話，1clo 等於 0.8 $m^2h℃$ /kcal。clo值的計算根據圖2–2.4，2–2.5 各衣類的 clo 值「C_i」依下式合計而得。

$$男人 C = 0.75 \sum C_i + 0.10 \cdots\cdots\cdots\cdots\cdots\cdots\cdots\cdots\cdots 式2–2.3$$

$$女人 C = 0.80 \sum C_i + 0.05 \cdots\cdots\cdots\cdots\cdots\cdots\cdots\cdots 式2–2.4$$

圖 2–2.4　**男人之著衣量值** 　（文獻 C02）

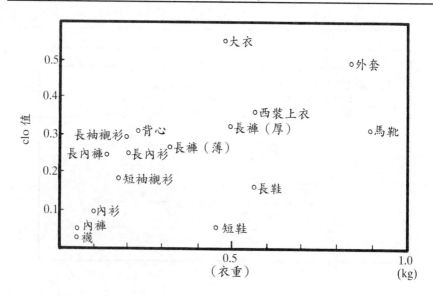

圖 2-2.5　女人之著衣量值　（文獻 C02）

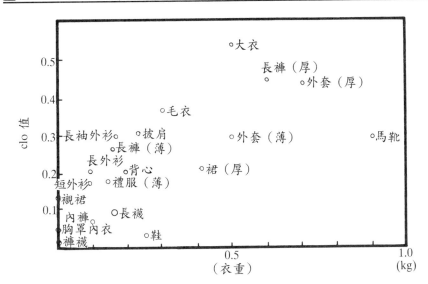

2-3　室內氣候之量測

　　室內氣候之量測主要是針對室內的物理環境。室內物理環境的量測系統中，光環境（第七章）、溫熱環境、與空氣環境（第三章）可直接由測試儀器顯示數值擬定改善對策；而音環境中之噪音與振動則需要根據其頻譜特性，進一步以快速傅利葉轉換分析儀（F.F.T.）、八頻度同步錄音機、感應器與電荷放大器等儀器進行分析工作（詳見第八章）。

　　各項物理環境性能檢測項目與量測儀器、工具可綜合整理如表 2-3.1 所示。國內目前使用過的儀器設備之連線組合系統如圖 2-3.1。

　　上述之量測儀器設備，音、光、空氣之部分詳見後述章節之介紹。以下僅就溫熱環境的量測儀器做進一步的介紹。

　　影響人體散熱的四項主要因素為氣溫、濕度、氣流及周壁之輻射熱，其室內熱環境的量測方式可依表 2-3.2 方式表示：

表2-3.1　物理環境性能量測儀器設備一覽表　（文獻 C04）

量 測 項 目	量 測 儀 器	量 測 工 具
1 溫度&相對濕度	溫濕計	1.照相機 2 部（正負片各一） 2.膠帶 3.延長線 4.手電筒 5.記錄表格
2 熱輻射	熱輻射計	
3 風速	風速計	
4 照度	照度計	
5 輝度	輝度計	a.電壓值與顯示值 　b.輝度記錄 　c.天氣變化
6 噪音	積分噪音計	d.費用
7 音壓級	麥克風	6.地毯 3 塊 7.螺絲起子
8 振動	振動計	8.尖嘴鉗 9.乾電池（4A、D 各若干）
	振動加速度量測計	10.底片（正負片各若干）
9 電荷放大	電荷放大器	11.腳架（含接頭） 12.快乾（黏振動 SENSOR）
10 電源供應	具穩壓穩流之電源供應器	13.訊號線
11 一氧化碳濃度	CO/CO_2 監測器 （定電位電解法）	a.BNC-BNC 30m, 1m 　b.BNC 　c.MIC 延長線 10m
12 二氧化碳濃度	（非分散型紅外線吸收法）	d.CO/CO_2 延長線 　e.粉塵計　延長線
13 粉塵濃度	雷射式數字粉塵計 （散亂光方式）	f.溫濕計　延長線 　g.積分噪音計　延長線 　h.振動計　延長線
記錄器	數位記錄器 傅利葉頻譜分析儀 數位錄音機 PC電腦　　486型 筆記型電腦386型	i.風速計　延長線 　j.照度計　延長線 　k.輝度計　延長線 14.DC電源線（各種儀器） 15.校正器（振動、音各一） 16.磁片（大小各 20 片）

表2-3.2　熱環境之量測方式

1.氣溫	依乾球溫度計表示
2.濕度	依乾濕球溫度計表示
3.乾 kata	表輻射與對流之綜合效果
4.濕 kata	表輻射、對流、蒸發之綜合效果
5.球溫度	表氣溫、氣流、周壁溫度之綜合效果

圖2-3.1　儀器連線系統圖　　（文獻C04）

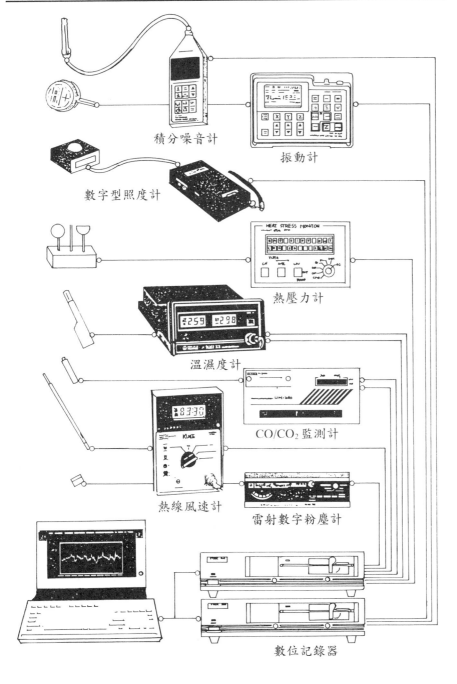

積分噪音計

振動計

數字型照度計

熱壓力計

溫濕度計

CO/CO₂ 監測計

熱線風速計

雷射數字粉塵計

數位記錄器

2-3.1　氣溫之測定

　　測定氣溫，一般使用的乾球溫度計為裝有水銀或酒精的棒狀溫度計，但是測定時，如果附近有表面溫度與氣溫相差太大的物體，則測定值會受到物體**表面溫度輻射**的影響，同時氣流速度的變化也會間接地影響測定值。

　　氣溫的表示法有**攝氏**（℃）與**華氏**（℉）兩種，其換算方式如下：

$$F = \frac{9}{5}C + 32 \cdots\cdots\cdots\cdots\cdots\cdots\cdots\cdots\cdots\cdots\cdots\cdots\text{式}\,2\text{-}3.1$$

2-3.2　濕度之測定

　　一般使用**乾濕球溫度計**來作簡單的濕度測定。乾濕球溫度計是由二根水銀溫度計所構成，其中一根的球部用紗布包裹，浸放於水罐中，經常保持濕潤，以此測得的溫度即稱做**濕球溫度**；另一根所測得的溫度稱做**乾球溫度**。罐中之水分會因蒸發而逐漸減少並失去汽化熱，所以濕球溫度會比乾球溫度低，而乾濕球的溫差愈大，表示罐中水分蒸發得多，空氣中的水分愈少，亦即濕度愈低。

圖 2-3.2　乾濕球溫度計（文獻 C07）

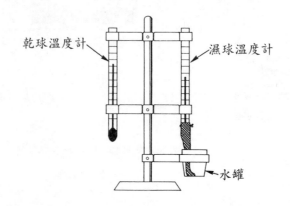

乾球溫度計　　　　　　　　　濕球溫度計

水罐

　　水分的蒸發受到氣流的影響，因此在有風的地方乾濕球溫度計所測得的濕度比實際濕度要低。這時一般都採用**阿斯曼**（Assmann）**濕度計**做測定，其濕度之求法如表2-3.3所示。

表2-3.3　阿斯曼通風乾濕計用濕度表(%)　　（文獻 C07）

$\dfrac{t-t'}{t'}$	0	0.6	1.2	1.8	2.4	3.0	3.5	4.0	4.5	5.0	5.5	6.0	6.5
33	100	96	92	88	85	81	79	76	73	71	68	66	64
30	100	96	92	88	84	80	77	75	72	69	67	65	62
27	100	95	91	87	83	79	76	73	71	68	65	63	60
24	100	95	91	86	82	78	75	72	69	66	63	61	58
21	100	95	90	85	81	77	73	70	67	64	61	58	56
18	100	94	89	84	79	75	71	68	65	62	59	56	53
15	100	94	88	83	78	73	69	65	62	59	55	52	50
12	100	93	87	81	76	70	66	62	59	55	52	48	45
9	100	93	86	79	73	68	63	59	55	51	47	44	40
6	100	92	84	77	72	64	59	54	50	46	42	38	34
3	100	91	82	74	67	60	54	49	44	39	35	31	27
0	100	89	80	70	62	54	48	42	37	31	27	22	18

　　阿斯曼濕度計如圖2-3.3所示，其上方裝有發條式風車，測定時讓風車旋轉，這樣可確保溫度計的球部經常面對一定的風速(5m/s)，才不會因風速的變化而影響濕度的測定。同時，乾球溫度計之球部在接觸風時能迅速使溫度計的刻度趨於安定，縮短氣溫測定的時間。覆在球部的雙層金屬筒，不僅為溫度計球部的通氣導管，也有避免輻射影響的作用。設計時所採用的氣溫（乾球溫度）與濕球溫度，除非有特殊的限制，一般都以阿斯曼濕度計的測定值做基準。

圖 2–3.3　阿斯曼濕度計　（文獻 C07）

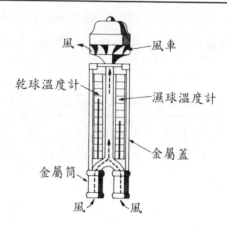

- 風 —— 風車
- 乾球溫度計 —— 濕球溫度計
- 金屬蓋
- 金屬筒
- 風　風

2–3.3　kata 溫度計

　　kata溫度計係1914年由 Hill 所發明，本計可指出溫度、濕度及氣流等因素影響人體熱損失之程度，kata 溫度計如圖 2–3.4所示。

圖 2–3.4　kata 溫度計　（文獻 C02）

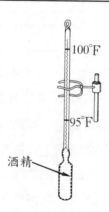

100°F

95°F

酒精

kata 率（kata factor）乃球部每 cm² 表面積由 100°F 下降至 95°F
（37.5°C 降至 34.8°C）所放出之熱量，其值乃於測器製作完成後按各支
依試驗決定之。

$$\phi = k \cdot (t_m - t) \cdot T \quad (\text{milical/cm}^2) \cdots\cdots\cdots\cdots\cdots 式2\text{-}3.2$$

式中：ϕ：kata 率

t_m：100°F ~ 95°F 之平均溫度，約為體溫附近之溫度

t：外氣溫度

T：下降時間

k：比例常數

而放熱的速率即為 kata 率（ϕ）除以下降時間（T），稱之為冷卻
力（Cooling Power），可表示人體冷卻之程度，如式 2-3.3。

$$冷卻力 (H) = \frac{\phi}{T} = k(t_m - t) \quad (\text{milical/cm}^2 \cdot \text{sec}) \cdots\cdots 式2\text{-}3.3$$

kata 溫度計之球部以濕布包覆者稱為**濕 kata 溫度計**(Wet kata)，乾
kata (Dry kata) 乃依輻射及對流而放熱，濕 kata 則依蒸發而放熱，而人
體在高溫環境中發汗，故可以濕 kata 溫度計來表示高濕環境之感覺，
在低溫及普通溫度時，皮膚乾燥依輻射及對流而放熱，故乾 kata 溫度
計適用。

冷卻力所表示之數值與舒適氣室內氣候範圍之關係如下表：

表 2-3.4　乾濕 kata 之標準與關係　（文獻 C01）

作業狀況	D.K. 之 H	W.K. 之 H	比　　較
安靜時	6（$H > 6$ 涼爽，$H < 6$ 熱）	18	$H' = 3H$
輕快作業時	6 以上	18 ~ 20	$H' \geq 3H$
繁重作業時	8 ~ 10	25 ~ 30	$H' \leq 3H$

2-3.4 球溫度計（Globe Thermometer）

　　球溫度計係1930年由Vernon氏所創。本計器為一直徑3～9in（普通為 6in）之中空銅板製圓球，表面塗以黑色塗料。球之中心部位裝有棒狀溫度計，而且密封插入球內，如圖 2-3.5。依此溫度計所測得之溫度稱為**球溫度**（Globe Temperature），此溫度數據可表示環境之**氣溫、氣流、輻射**三個綜合效果，亦可表示室內氣候之一個狀態。依此溫度亦可求得**周壁之平均輻射溫度MRT**，如式 2-3.4。

圖 2-3.5　球溫度計　（文獻 C02）

軟木塞

平光黑色銅球

中空銅板

$$\text{MRT} = t_g + 0.237\sqrt{v}(t_g - t) \cdots\cdots\cdots\cdots\cdots\cdots\cdots \textbf{式 2-3.4}$$

式中：MRT: 表周壁之平均輻射溫度

　　　　t_g：球溫度所示溫度（℃）

　　　　t ：氣溫（℃）

　　　　v ：空氣流速（cm/sec）

　　環境中若有輻射熱發散，周壁之輻射由球表面接受後使球內之空氣溫度上昇，其昇高之情形可自球內上溫度計讀得之。反之若周壁之輻射溫度較低時，氣溫之示度即溫度計所指溫度較低。

2-4 環境指標、室內溫濕度

舒適之指標係指使被實驗者感覺舒適的室內基準狀態，然而舒適條件依個人之狀況不同，其差別極大，另外亦會隨地域條件不同而有所出入，所以同時適用於多數人之單一尺度的釐定頗為困難。而目前所有指標係表示大幅度之環境範圍之等體感度而已。

2-3節已介紹過以機械儀器的量度來表示使用者的溫度感覺。綜合的測量儀器雖可獲得人體感覺的指標，但實際不同環境時仍須對各個環境要素予以檢討，如此則應用之儀器多不實用，所以乃將各要素單獨測量，再將其結果綜合為一個指標，稱之為**環境指標**（Environmental Index）。

以下就常用之環境指標敘述於後。

2-4.1 有效溫度（Effective Temperature; ET）

有效溫度亦可稱為**實效溫度**、**實感溫度**，或**感覺溫度**，為美國 Yaglou 與 Hougton 兩氏研究釐定之環境指標尺度。有效溫度乃表示乾濕球溫度與氣流之綜合效果所給予人體之感覺，為組合氣流、濕度、氣溫三項室內氣候要素的單一指標。此指標係對多數被實驗者實際測驗而求得之人體實際感覺，而非使用儀器求得。

由於有效溫度為氣流、濕度、氣溫綜合給予人體之感覺，所以同一有效溫度可以有很多這三項變數的組合。一般以濕度100%，無風狀態下所感到之溫度，為有效溫度之標準。有效溫度如圖2-4.1所示。譬如21℃時之有效溫度依圖2-4.1可獲得如表2-4.1之結果。

依 Yaglou 氏研究，一般被實驗者所感到之最舒適範圍如下：

1.普通衣著，安靜及輕作業，無風：舒適範圍17° ～ 21°ET，濕度60 ～ 40%。

圖 2-4.1 有效溫度圖 （文獻 C02）

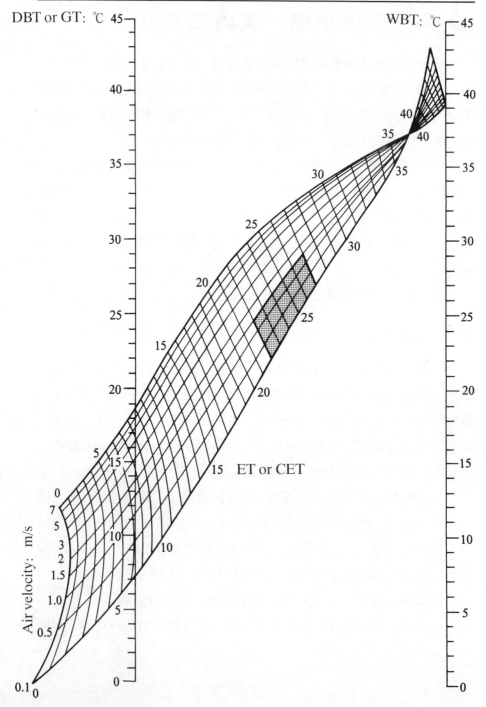

表2-4.1　21℃時之同一有效溫度例　（文獻 C01）

氣溫（℃）	21	22	23	24	26	27	28
風速（m/s）	0	0	0	1	1	.1	2.8
濕度（%）	100	80	80	80	60	40	40

2.普通衣著，安靜及輕作業，風速 2.5m/s：舒適範圍 17°〜21°ET，濕度 50〜40%。

依大多數被實驗者之陳述，以 18°ET（65°ET）為最舒適。

2-4.2　修正有效溫度(Corrected Effective Temperature; CET)

有效溫度之缺陷係未考慮輻射之影響，即氣溫與周壁在同一溫度時，其尺度可予應用，若室內溫度與室之周壁溫度不同時，則必須予以修正。

考慮周壁溫度之效果時，以球溫度代替乾球溫度，濕球溫度則以當時空氣之絕對溫度不變時，令乾球溫度升高至球溫度示度時之濕球溫度來代替，如此所求得之有效溫度稱為**修正有效溫度**。

2-4.3　新有效溫度 (Standard Effective Temperature; ET* or SET)

繼 ET 指標之後，Gagge 等人在 1971 年提出簡單的**新有效溫度**，後來為美國暖房冷凍空調協會 ASHRAE 採用此指標為室內溫熱環境之標準，因此而廣為大眾所使用。

ET*是以普通坐姿 0.6clo 著衣狀態，風速在 0.25m/sec 以下之靜穩氣流條件下，如圖 2-4.2 所示在空氣線圖之相對濕度 50% 線上所示之乾球溫度來表示，其讀取方法依圖上點線所示 ET* 等值線求之。圖 2-4.2 所示斜線部分為 ASHRAE 標準所訂之室內熱環境舒適範圍（ET*=22

圖2-4.2 空氣線圖 （文獻 J03）

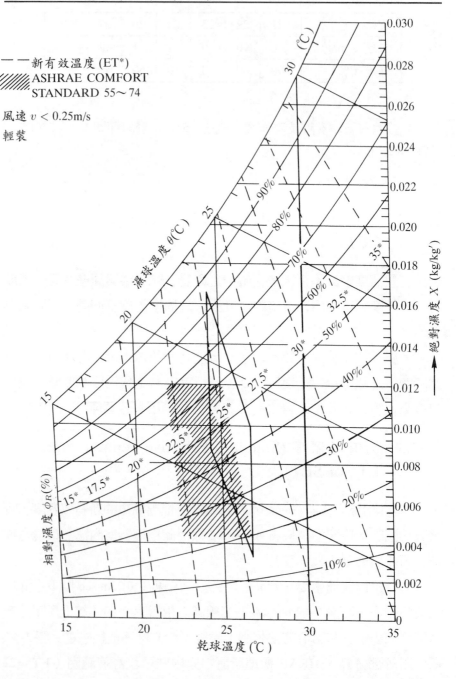

~ 25.5℃，和絕對濕度 X =0.0042 ~ 0.012 kg/kg′之範圍），其中菱形部分為堪薩斯大學所推薦之舒適範圍。

當在冬季周壁溫度太低，或是夏天面臨大面高溫吸熱玻璃面，求取上述 ET*時，以作用溫度 OT= $\dfrac{（室溫 + MRT）}{2}$ 代替室溫行之。

2-4.4 作用溫度 (Operative Temperature; OT)

作用溫度亦可稱為**效果溫度**，為氣溫、氣流、周壁輻射溫度之綜合效果。一般室內氣流平穩時即人體無感覺之微風速（0.15 ~ 0.18m/sec）下之 OT如式 2-4.1。與風速 $v = 0.18$m/ sec 時之球溫度一致。

$$OT = \frac{MRT + t_a}{2} \ ℃ \cdots\cdots\cdots\cdots\cdots\cdots\cdots 式2\text{-}4.1$$

式中： OT ：作用溫度

　　　 MRT：周壁輻射溫度

　　　 t_a ：室內氣溫

作用溫度的舒適範圍為 18.3 ~ 24℃。因不考慮濕度之影響，故**不適合高溫環境**。

2-5 室內氣候之調整

室內環境調整的主要目的，**在求室內的物理環境保持在舒適狀態**之中，包括了音環境、光環境、溫熱環境及空氣環境之調整。而本節僅就室內的溫熱環境及氣流分布之部分加以敘述：

1.溫熱環境

⑴調溫與調濕 外界各項氣候因素之變動，均可造成室內不適溫熱環境的狀況，如冬季寒冷，夏季暑熱等，所造成室內不適的溫熱環境之狀態可藉增加氣流或由調溫調濕來解決，換言之，對室內溫熱環

境之調整不外調溫與調濕二種方式。調溫包括空氣之加熱及冷卻，調濕則包括加濕及減濕。

　　在空氣調節的步驟中，還包括空氣過濾或空氣洗淨消毒殺菌的方式，其目的在於清除空氣中之塵埃與細菌，使室內人員呼吸的空氣不但溫度適當且乾淨。

　　(2)溫度分布　室內氣溫並非每一個角落都相同，根據建築物構造與隔熱性之良窳、外界的氣候條件、冷暖房方式等會產生上下，以及水平向的差異。特別是在討論室內溫熱環境舒適度時，較為重要的是上下溫度差，上下溫度的差異很容易由身體察覺，在體感上有相當大的影響。

　　一般而言，接近地面的溫度較低，靠近天花板的溫度較高。以人體快感度而言，頭腳之間的溫度差最好在 1 ～ 1.5℃ 的範圍內，最差也應在 3℃ 以下。因此在住宅等天花板較低的房子中裝暖氣時，天花板與地板附近的溫差最好在 5℃ 以下，如果超出身體自動調節功能之界限，就會有頭熱腳寒的不適感。

圖 2-5.1　室間內部上下之溫度分布　（文獻 C07）

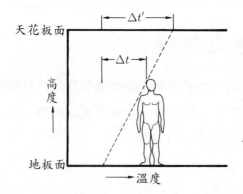

　　水平方向的溫度分布，依照暖房設備的種類、安放位置、房間形式及有無間隙風而異。用暖爐時，熱源附近溫度特別高，溫度的水平分布差異很大。此外窗扇等附近區域因受**間隙風**的影響，溫度較低。如果窗玻璃隔熱性較差，冬季外氣溫在0℃以下時，玻璃就有如冰塊一樣，不僅僅使氣溫降低，也會從室內流失許多輻射熱。這表示說蒸汽暖房或溫水暖房的放熱器地點以窗臺附近較佳。

2.室內氣流

　　氣流可促進人體產生的對流以及蒸發放熱，藉冷卻作用使體感變為舒暢。室內舒適風速雖視其與溫度、濕度等其他要素間之關係而決定，但我們可由有效溫度等方法求得。一般舒適的風速約在1m/s以下，夏季可能大些，而冬季則小些，特別是暖房開機時以在室內的人員沒有感覺最好。風速0.5m/s時人體就會感覺有風。此外，氣流在一定的限度內有節奏的變化時會引起新鮮感。

　　冬天侵入室內的冷風風速在0.2～0.25m/s以上時稱之為**賊風**，這種風會使人產生不適感，所以要特別注意窗戶以及窗扇的間隙風問題。

關　鍵　詞

2-1　室內氣候、室內舒適環境、室內環境基準

2-2　人體熱平衡、周壁溫度、工作強度(MET)、著衣量(clo)

2-3　kata溫度計、球溫度計、MRT

2-4　環境指標、有效溫度(ET)、修正有效溫度(CET)、新有效溫度(ET*)、作用溫度(OT)

2-5　溫熱環境

習　題

1.試述影響室內舒適環境的物理環境要素。

2.試述室內環境的基準與其影響的因子。

3.影響人體冷熱感覺的要素有哪些？有何意義？

4.試簡述室內氣候量測的儀器連線系統。

5.何謂環境指標？

6.解釋下列名詞：⑴MET；⑵clo；⑶kata 率；⑷有效溫度 (ET)；⑸
修正有效溫度 (CET)；⑹新有效溫度 (ET*)；⑺作用溫度 (OT)。

7.試述新有效溫度的室內熱環境舒適範圍。

8.試述室內氣候調整之目的與方法。

第三章　通風換氣

3-1　概說

　　室內的人員和機器都可能是產生污染室內空氣物質的污染源，受污染的室內空氣若不排出，並輸入乾淨的外氣，室內的空氣品質會因此愈來愈惡化。排出惡化的室內空氣並以乾淨的外氣替代，稱之為**換氣**。

　　換氣的目的在於維持室內人員的舒適及安全的空氣品質者，稱為**人員換氣**（Human Ventilation）；而目的在於維持物品保存所需的空氣品質者，稱為**工程換氣**（Process Ventilation）。一般建築物如住宅的換氣多屬於人員換氣，而工廠建築的換氣則必須兼具兩種換氣目的。

　　換氣的方式依其動力的種類可以分為**自然換氣**及**機械換氣**（或稱為**強制換氣**）。自然換氣是以風力影響或室內外空氣的溫度差（壓力差）為動力，因為必須靠外部的自然動力，所以換氣量是不安定的且換氣力不易控制，因此，住宅及學校建築的開口部通常要大一點，以便於自然換氣。自然換氣通常利用在沒有冷暖房設備的建築物。以風力所達成之換氣方式，又稱之為**通風**（Cross Ventilation）。

　　以人工機械設備來達成換氣的方式，稱之為機械換氣或強制換氣，如利用送風機及排風機。機械換氣的設計必須考慮其經濟效益。辦公室建築的機械換氣設備通常和空調系統一體構成。

圖3-1.1　自然換氣和機械換氣　（文獻 J03）

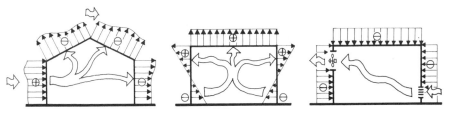

1.風力達成之自然換氣　2.溫度差達成之自然換氣　3.以送風機達成之機械換氣

3-2　空氣之組成

空氣乃一混有各種氣體之物質，地表附近之新鮮大氣之組成可如表 3-2.1及圖 3-2.1所示，其中以**氮、氧、氬、二氧化碳**為主要成分，浮於空氣中之水蒸氣及塵埃並未列入。空氣的組成成分中，氧氣與氮氣的含量較為一定，而變化較大的是水蒸氣量。健康新鮮的空氣，就像鄰近田野和森林地帶自然條件下之外部空間的大氣。

表3-2.1　空氣之組成　（文獻 C01）

名　　　稱	符號	容積組成%	名　　　稱	符號	容積組成%
氮	N_2	78.03	氖	Ne	0.0018
氧	O_2	20.99	氦	He	0.0005
氬	A	0.933	氪	Kr	0.0001
二氧化碳	CO_2	0.030	氙	Xe	0.0000

圖3-2.1　乾燥大氣之體積比　（文獻 J02）

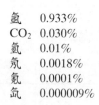
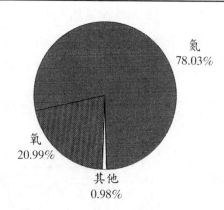

氬　　0.933%
CO_2　0.030%
氖　　0.01%
氖　　0.0018%
氪　　0.0001%
氙　　0.000009%

氮
78.03%

氧
20.99%

其他
0.98%

　　而在都市地區，由於人車等活動頻繁，所產生之汽機車廢氣排放量大，使得大氣污染物濃度也變大；這些外氣污染物經由建築物門窗開口或空調外氣口等進入室內，加上建築物室內污染物質也多，這兩大污染源合在一起，很容易造成室內空氣品質不佳。

圖3-2.2　臺灣地區空氣污染主要污染物比率　（文獻C09）

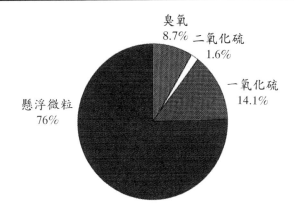

臭氧
8.7%　二氧化硫
1.6%

一氧化硫
14.1%

懸浮微粒
76%

3-3　空氣之污染

3-3.1　空氣污染的定義

　　室內空間若通風不善或換氣惡劣，使空氣中之塵埃或細菌等有害浮游物質增加，或溫濕度上昇，氣流停滯等，而使室內人員產生不舒適的感覺，或造成健康上的不良影響，此現象稱為**空氣污染**。尤其是都會區高樓大廈林立，且多採中央空調，在建築物愈來愈密集的情況下，以致諸多因室內空氣品質不佳而帶來的衛生問題相繼產生，如退伍軍人症、病態大樓症候群及瓦斯中毒等，而流行感冒的高度傳染和重複感染率，都與室內空氣品質有密切關係。

　　　室內空氣的污染雖然有害人體健康，但是空氣的污染問題並非單指室內之污染而已，**外氣污染**所導致之影響亦相當大，尤其是因為工商業及交通的發達，使得都市之大氣污染程度更為嚴重。要討論室內空氣污染的程度時，亦必須對外氣污染的狀態加以了解。

3-3.2　空氣污染表示單位

　　　空氣污染程度的表示方法，是以**污染物質所占的濃度多寡**來評估，也就是在一定體積內的空氣中所占污染物質的體積比或重量比。污染物質為氣體者採用體積比，以 ppm 來表示。污染物質為浮游粒狀物質者採用重量比，以 mg/m^3 或者是 $\mu g/m^3$ 來表示，單位間的關係如式 3-3.2。

$$10^{-6} = 10^{-4}\% = 1ppm \cdots\cdots\cdots\cdots\cdots\cdots\cdots\cdots\cdots\cdots\cdots 式 3\text{-}3.1$$

$$10^{-3}g/m^3 = 1mg/m^3 = 10^3 \mu g/m^3 \cdots\cdots\cdots\cdots\cdots\cdots 式 3\text{-}3.2$$

　　　體積比是容積單位，重量比是重量單位，兩者都是表示濃度的單位，兩者間的換算式如式 3-3.3。

$$ppm = mg/m^3 \times \frac{22.41}{物質的分子量} \cdots\cdots\cdots\cdots\cdots\cdots 式 3\text{-}3.3$$

3-3.3　污染物分類

　　　建築室內空氣環境的品質，主要視空氣中**污染物種類與濃度**而定，依污染物排放形態來看，可分為**氣狀污染物質**及**浮游粒狀污染物質**兩大類型。一般而言，氣狀污染物又可分為**無機性氣體**與**有機性氣體**，無機性氣體如硫、氮、碳等可在空氣中氧化產生光霧化學反應並可與霧氣結合形成強酸性水滴，危害人體與環境。有機性氣體則包括碳氫化合物、硫醇類、醇類、酮類及酯類等，亦造成局部室內空氣污染。

粒狀污染物則包含了**固體微粒**及**液體微粒**，固體微粒可分**微生物粒子**
及**非生物粒子**，如圖 3–3.1 所示。

圖 3–3.1　空氣污染物質分類　　（文獻 C04）

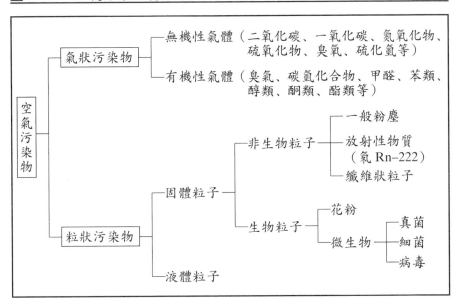

住宅室內之污染物來源，主要可歸納有**滲入外氣、室內人員、空**
調系統、燃燒器具與日用品、建築材料與傢俱及**室內有機物質**（如腐
敗之食物）等六大來源類別，各污染源所產生之污染物質如表 3–3.1 所
示，由表可知一氧化碳（CO）來源有外氣、燃燒及抽菸三項；二氧化
碳（CO_2）除燃燒與油煙外，主要來自人體代謝；浮游粉塵（PM_{10}）
的來源複雜，其種類亦繁多。

表3-3.1 住宅室內污染源與主要污染物質 （文獻 C10、J02）

來源類別	污染來源	污 染 物 質 （空氣品質影響因子）
滲入外氣	汽機車排放廢氣	一氧化碳、粉塵、氮氧化物、硫氧化物、鉛、臭氧
	工廠	一氧化碳、粉塵、氮氧化物、硫氧化物、光化學性高氧化物 (臭氧)、鉛
	營建工地及其它	粉塵、細菌、花粉粒、濕氣
室內人員	人體	體臭、二氧化碳、氨、水蒸氣、頭皮屑、細菌
	人員活動	砂塵、纖維、黴菌、細菌
	香煙	粉塵、一氧化碳、二氧化碳、氨、氮氧化物、碳氫化合物、各種致癌物質
空調系統	空調箱 (過濾網)	黴菌、蕈菌、虱蚤類、細菌、臭味
	風管	粉塵、纖維、黴菌、蕈菌、虱蚤類、細菌
燃燒器具與日用品	事務機器 (影印機、清淨機等)	氨、臭氧、溶劑類、塵粒、粉墨粒
	燃燒器具 (瓦斯爐、熱水器等)	二氧化碳、一氧化碳、氮氧化物、碳氫化物、粉塵、煙粒子
	殺蟲劑類	噴射劑、殺蟲劑、殺菌劑、殺鼠劑、防蠅劑
建築材料	室內建築材料	甲醛、石綿纖維、接著劑 (苯類)、油漆 (苯類)、地毯纖維毛絮、黴菌、浮游細菌、壁蝨
	維修保養	溶劑、洗劑、砂塵、臭菌
室內有機物質	室內有機物質	腐壞食物硫 (黴菌、臭味)、植物花草 (花粉粒)、潮濕物 (黴菌、臭味)、排泄物 (細菌、臭味)

圖3-3.2　集合住宅室內空氣污染物來源示意圖　（文獻J02）

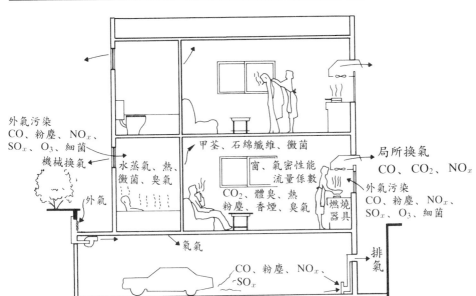

外氣污染
CO、粉塵、NO$_x$、
SO$_x$、O$_3$、細菌
機械換氣

外氣

水蒸氣、熱、
黴菌、臭氣

甲荃、石綿纖維、黴菌

窗、氣密性能
　　流量係數

CO$_2$、體臭、熱
粉塵、香煙、臭氣

局所換氣
CO、CO$_2$、NO$_x$

外氣污染
CO、粉塵、NO$_x$、
SO$_x$、O$_3$、細菌

燃燒器具

氡氣

排氣

CO、粉塵、NO$_x$、SO$_x$

3-3.4　各國空氣污染管制法與管制基準值比較

室外空氣品質的良窳，將直接影響到大眾的健康與福祉，世界上許多國家均訂有環境空氣品質標準來管制污染物濃度。各國因地域性與產業結構性的不同，在管制項目方面亦略有差異，主要管制項目有**懸浮微粒**、 CO、SO$_2$、NO$_2$、O$_3$以及**惡臭物質**等。各國空氣污染物管制標準中， CO與懸浮微粒兩項與現行臺灣地區環境空氣品質標準的管制基準相當（見表3-3.2）。各國室內空氣污染物管制標準參見表3-3.3所示。

目前國內在空氣品質管制上，由於各地所測得的各項空氣污染物濃度所佔比例會不同，除了將單一空氣污染物濃度與環境空氣品質標準比較並加以管制外，亦可將各項污染因子轉換為其參數，綜合評估以作為當地空氣品質的指標。目前環保署所採用之方式為「**空氣污染**

表 3-3.2 我國室內外空氣污染管制方法及其基準之比較 （文獻 C10）

	外　　　　　氣	室　　　　　內
單一污染物	主要管制項目包括懸浮微粒（TSP、PM_{10}）、CO、SO_2、NO_2、O_3 以及惡臭物質等。	CO_2（勞工作業環境測定實施辦法）
綜合評估指標	PSI 依據監測站當日大氣中五種主要污染物（PM_{10}、CO、SO_2、NO_2、O_3）濃度值，換算出該污染物之副指標值 (Subindex)，再取當日各副指標值之最大值，作為該測站當日之「指標污染物」。◎以 PSI 值 (0～500) 來表示當地空氣品質的好壞。指標值在 100 以下者，表示該測站當日空氣品質符合環境空氣品質基準中之短期（24 小時或更短）平均值；若 PSI 大於 100，對人體健康將有不良影響。	無
其　　他	——	【建築技術規則設計施工編第四十三條】・有效通風面積（自然通風）・自然或機械通風設備【建築技術規則建築設備編第一百～一百零二條】——機械通風設備・通風量（樓地板面積每平方公尺所需通風量 m^3/hr）

物標準指標」（PSI）。PSI 是依據某監測站當日大氣中五種主要污染物（PM_{10}、CO、SO_2、NO_2、O_3）的濃度值，換算出該污染物之空氣污染副指標值（Subindex），再以當日各副指標值之最大值作為該測站當日之「指標污染物」，並以 PSI 值 (0～500) 來表示當地空氣品質的好壞。即指標值在 100 以下者，表示該測站當日空氣品質符合美國環境空氣品質基準中之短期（24 小時或更短）平均值；若 PSI 大於 100，對人體健康將有不良影響。

表3-3.3　各國室內空氣污染管制法及其基準之比較
（文獻 C09、J01）

國別	一氧化碳 CO (ppm)	二氧化碳 CO₂ (ppm)	浮游粉塵 PM₁₀(mg/m³)	管制法令
中華民國	──	5000ppm	──	勞工安全衛生法（工作環境）
日本	10ppm 時平均值	1000ppm	0.15mg/m³	建築基準法施行令 建物管理法施行令
	20ppm	──	──	學校保健法施行令 第三條明示
	50ppm	5000ppm	同 ACIGH	勞動安全衛生法（工作環境）
美國	9ppm 時平均值	1000ppm	0.15mg/m³ 24時平均值	ASHRAE 62～89 通風換氣基準
	48ppm 8時平均值	5000ppm（TWA）8時容許值	2mg/m³(游離珪酸 30%以上) 5mg/m³(游離珪酸 30%未滿) 10mg/m³(其他)	美國勞動衛生專門會議（ACIGH）（工作環境）
加拿大	11ppm 日平均值 25ppm 時平均值	3500ppm 時平均值	0.04mg/m³ 建議值 0.1mg/m³ 時平均值	
大陸	──	1500ppm		中小學校建築設計規範第七章
荷蘭	9ppm 8時平均值 35ppm 時平均值	──	0.14mg/m³（PM₁₀）日平均值	──

表3-3.4　我國建築技術規則有關通風規定之說明　（文獻 C10）

法　條	內　容	說　明
設計施工編第四十三條	（通風）居室應設置能與戶外空氣直接流通之窗戶或開口，或有效之自然通風設備或機械通風設備，並依下列規定：一、一般居室……之有效通風面積，不得小於該室樓地板面積百分之五，但設置符合規定之自然或機械通風設備者不在此限。……	・居室是指供居住、「工作」、集會、……使用之房間。 ・辦公建築採用之機械通風設備，其構造應符合建築設備編第五章第二節之機械通風系統及通風量規定。（第一百條至第一百零二條）
建築設備編第一百條	（通則）本規則建築設計施工編第四十三條規定之機械通風設備，其構造應依本節規定。	・本節規定項目有：通風系統與通風量，無室內污染物濃度管制基準。
建築設備編第一百零一條	（通風系統）機械通風系統應依實際情況，採用下列系統：一、機械送風及機械排風。二、機械送風及自然排風。三、自然送風及機械排風。	・辦公室內採用之機械通風系統具溫熱調節功能，故多採用本條第一、二兩款通風方式(配合空調系統而言)。
建築設備編第一百零二條	（通風量）建築物供各種用途使用之空間，設置機械通風設備時，通風量不得小於下表規定： 見下表	・與美、日兩國法規比較： 1.美國ASHRAE 62～89，每人所需換氣量每100m² 最多7人使用時為34m³/hr (20cfm)。 2.日本建築基準法施行令規定，機械換氣設備有效換氣量 $V = 20Af/N$。式中：V：有效換氣量；Af：居室樓地板面積；N：實際每人所佔面積，超過10時以10計算。（第二十條之二第二款） 3.換算成與我國尺度比較： ・ASHRAE62為2.38m³/hr。 ・日本為2m³/hr，$N = 10$ 換算。 ・我國則為10m³/hr（與室內人員密度無關）。

房間用途	樓地板面積每平方公尺所需通風量 m³/hr	
	前條第一、二兩款通風方式	前條第三款通風方式
……	……	……
辦公室會客室	10	10
……	……	……

　　另外建築物室內的空氣品質方面，在完善的建築物室內空氣品質管理法令體系之中，在「**設計審照階段**」、「**施工驗收階段**」與「**使用維護階段**」，應納入建築物空調設備系統與室內空氣品質等之定期管理，以此確保建築物之「**安全**」與「**衛生**」。

3-3.5　測定儀器

1.二氧化碳與一氧化碳濃度之量測

　　室內空氣中 CO_2 與 CO 濃度量測，一般以**體積濃度** (ppm) 表示之，其濃度量測之量測原理有**化學分析**與**物理測定法**，如圖 3-3.3 所示。

圖 3-3.3　室內空氣 CO_2 與 CO 濃度量測原理　（文獻 C19）

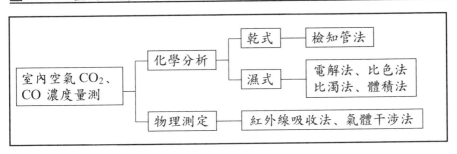

　　表 3-3.5 係以一般室內環境為量測對象，CO_2 與 CO 濃度的量測儀器一覽表。從表中可知，紅外線 CO_2 氣體分析器、CO 定電位電解法分析器及紅外線 CO 氣體分析儀，具有感度好、精度高、應答快等優點，並可作為自動連續量測，符合室內空氣品質之量測目的與室內環境條件。

2.粉塵濃度之量測

　　浮游在室內空氣中的粉塵原則上是要量測其**成分**、**濃度**、**粒度**，在一般室內空氣僅測其濃度；濃度的表示方法有兩種：一為**重量濃度**

表3-3.5　CO_2與CO濃度量測儀器一覽表　（文獻J01、J09）

	名　稱	構　成	量測原理	量測範圍	精度	自動連續測定	應答	備　考
二氧化碳濃度	氣體檢知管	檢知管、吸引唧筒（真空法）	化學反應	0.005~7	稍低	否		檢知管、流出孔(orifice)
	水氧化鋇法（氫氧化鋇）	補氣瓶、水氧化鋇、滴定管、試藥	化學反應（中和）	0.001以上	良	否		
	氣體干涉計（擾動計）	本體（記錄計）	光干涉的位置	0.03~7	稍低良	否（手動）可（自動）	良	電源、乾燥劑（記錄用紙）
	紅外線二氧化碳氣體分析器	本體、補氣裝置、標準氣體（記錄器）	紅外線選擇吸收（分析）	0.002以上	高	適	速	電源、標準氣體、記錄用紙
一氧化碳濃度	氣體檢知管（比色法）	檢知管、吸引唧筒（真空法）	化學反應（呈色）	0.01~0.001	低	否		檢知管、流出孔
	氣體檢知管（測長法）	檢知管、吸引唧筒（真空法）	化學反應	0.002~0.1	稍低	否	良	檢知管、流出孔
	紅外線一氧化碳氣體分析器	本體、補氣裝置、標準氣體（記錄器）	紅外線選擇吸收	0.01左右	高	適	速	電源、標準氣體、記錄紙、除濕計
	定電位電解法分析器	本體、標準氣體（記錄計）	電學化學反應	0.005左右	高	適	速	檢出部、標準氣體、記錄紙

(mg/m^3)，以一定容積空氣中的粉塵質量表示之；一為**個數濃度**（個/$m\ell$），以一定容積空氣中的粉塵粒子數表示之。表3-3.6為粉塵濃度量測方法分類說明。

　　從表3-3.6中可知，濃度量測可分為**絕對性**表示與**相對性**表示：

　　⑴絕對性表示　捕集浮游於空氣中之粉塵，直接計測其質量或粒子數表示之濃度。

表3-3.6　粉塵濃度量測方法的分類　　（文獻 J06）

濃度表示方法	絕對量或相對量	量　測　儀　器	
重量濃度表示 （mg/m³）	絕對濃度量測	低流量空氣取樣器 高流量空氣取樣器 靜電式粉塵取樣器 個人取樣器	
	相對濃度量測	相對濃度計	數字型粉塵計 勞研濾紙塵埃計
		相對比較濃度計	勞研分光濾紙塵埃計 壓電結晶振動計
個數濃度表示 （個/mℓ）	絕對計數量測	勞研式塵埃計 多段式衝擊計 熱沈澱計	
	相對計數量測	微粒子計數器	

(2)相對性表示　測定浮游於空氣中之粉塵粒子數濃度或質量濃度與相對關係下之量，其濃度以直接關係下之指數表示，而與其濃度成1比1（宜為直線關係）之關係的物理量。

一般之**相對濃度計**易於操作，且其靈敏度較佳，可在現場迅速量測粉塵之相對濃度，故欲迅速量測平時粉塵狀態之變動時，仍以相對濃度為主。

表3-3.7為粉塵濃度量測儀器一覽表，從表中可知，以散亂光量測原理的數字型粉塵計是較符合室內空氣品質之量測目的與條件，因其各項條件都是精確自動量測室內空氣中呈動態變動之粉塵濃度的最佳方法。

3.空氣環境自動連續量測系統

若以CO_2、CO、PM_{10}等三項污染物作為室內空氣品質評估指標，為考慮使用空間現場量測的適用性與減低對測試對象日常生活之干擾性，室內空氣品質定量測定應以**自動化**為目的，以室內環境品質自動

連續量測法，作為進行室內空氣品質實測與定量化評估應用的量測架構，以做為綜合評估判斷室內空氣品質變動狀況的參考依據。

表3-3.8為國內目前所使用之空氣環境自動連續量測系統的量測儀器詳細內容，而其量測資料之儀器連接系統如圖3-3.4所示。

表3-3.7 粉塵濃度量測儀器一覽表（文獻J01）

名 稱	構 成	對 象	量測內容	重量濃度換算	量測範圍	自動連續量測	應答性	消耗品
低流量重量法	濾紙、持有人、分離器、泵、流量計、天秤	10μm以下的粒子全體	重量濃度（過濾補集）		0.05以上	否	低	濾紙、電源
多段式衝擊器	本體、玻璃板、流量計、泵	——	粒徑分佈及個數濃度	否	——	否	低	玻璃板、電源
勞研粒子塵埃計	濾紙、本體、光度計、泵、流量計	10μm以下的粒子全體	光學濃度（透過光）	可	0.01～0.2	可	中	濾紙、電源、電池
數字型粉塵計	本體	10μm以下的粒子全體	相對濃度（散亂光）	可	0.01～0.5	可	高	電池
吸塵計2000	濾紙、本體、光度計、泵	10μm以下的粒子全體	光學濃度（透過光）	可	0.01～0.2	否	中	濾紙、電源
自動微粒子計測器	本體、記錄計	0.3～10μm的粒子	光學的粒子徑及個體濃度	否	$0～10^6$個/ℓ	可	高	電源、記錄
水晶壓電法粉塵計（壓電結晶振動法）	本體	10μm以下的粒子全體	重量濃度（電器容量）	可	0.01～0.5	否	中	電池

表3-3.8 室內空氣品質使用後評估自動連續量測儀器表（文獻C09）

	量測項目	量測儀器	構 成	量測原理	量測範圍
1	CO濃度	CO/CO_2監測器	本體、補氣裝置、標準氣體	定電位電解法	0～150ppm
2	CO_2濃度			非分散型紅外線吸收法	0～5000ppm
3	PM_{10}濃度	雷射粉塵計	本體	散亂光方式（相對濃度）	0～1mg/m^3
	自動化記錄	數位記錄器	本體	電壓信號接收	可同步輸入8頻道

圖3-3.4　量測儀器連接系統圖　　（文獻 C09）

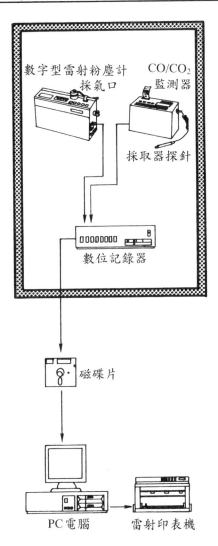

3-4 通風及換氣準則

3-4.1 換氣目的

換氣依建築物之種類及需要而異，如禮堂、辦公室、工廠、住宅等，其各要求不同。在環境計劃時所注重之換氣目的不一，有時只要求一種單純的目的，有時則同時要求數種目的，換氣目的之分類如表3-4.1。

表3-4.1   通風換氣之目的   （文獻 C01）

目 的	項 目
1.排除更新污染之空氣（依污染之原因為因子者）	1.化學的不純物（各種有害氣體）。 2.臭氣（化學不純物所發生之臭氣與產自人體之體臭）。 3.蒸氣（單純之水蒸氣或其他氣體，含有液體質點或固體質點者）。 4.煙塵（煤煙，含有液體質點或固體質點者）。 5.細菌（多與粉塵共存）。
2.改變更新空氣之溫度及濕度	1.溫度之調節。 2.濕度之調節。 3.溫濕度之調節。
3.著重在氣流之生物學的效果	1.以不感氣流為目標者（以冬季為主）。 2.以可感氣流為目標者（以夏季為主）。

3-4.2   換氣方式

為防止室內空氣之污染，須適當地施以換氣，而通常施以換氣之室間，可確保溫濕度之控制，氣流之流通，CO_2 及臭氣適當地排出。自室外抽取空氣輸送至室內之方式如下：

　　1.將室外之空氣直接送入室內。

2.外氣經過濾或洗淨後送入室內。

3.外氣過濾或洗淨後，再予加熱或冷卻後送入室內。

4.由室內排出之污染空氣經過濾或洗淨，加熱或冷卻後再送入室內，此方式稱為再循環。

上述的換氣方式中，1.係指**自然換氣**或**人工換氣**，而 2.3.4.係用於有**空氣調節設備**者。

自然換氣法係利用自然的物理現象，若自然動力無法產生時，則無法達成換氣，且外界氣溫及風力時時刻刻均在變化，所以在設計上不易使換氣量保持一定，若為機械換氣則可按計劃達成所要求之換氣。自然換氣必須在建築設計一開始即予考慮規劃，不需要特別之設備費及經常維持費；機械換氣則必須考慮設備費及維持費，但或許可以節省建築費用。選用換氣的方法必須經過整體的考量，除了設計上之要求外，亦必須考慮經濟性、實用性等因素。另外換氣方法之選擇，在建築設計規劃開始之初即應做詳細之研究，以期獲得合理之方法。

表3-4.2　換氣方法之分類　（文獻 C01）

分　　　類	方　　　法
自然換氣法 ——利用自然的物理現象	1.利用室內外溫度差之方法（亦稱重力換氣） 2.利用風力之方法〔此法換氣頗具效果，但應注意冬季時對人體之擊流（draft），無風時無法達成〕 3.利用氣體擴散性之方法（在建築上較微弱，不易做到）
人工換氣法 ——利用機械強制促成	1.設有適當之自然送氣口，以機械施以排氣（排氣式） 2.設有適當之自然排氣口，以機械施以送氣（送氣式） 3.併用機械送氣，機械排氣（合併式）

3-4.3 必要換氣量與換氣次數

每人每日須呼吸之空氣約為 $10m^3(12kg)$，由食物中所攝取者約為 3kg，其餘的 80% 則須完全由空氣獲得。換氣量依建築物種類的不同，其要求也不一樣。

1.以 O_2 濃度來計算必要換氣量

人體所消耗的氧氣量，如第二章之表 2-2.2 所敘述，會因不同的場合或作業的強度而異。假定是在重作業下，則人體所消耗的 O_2 量為 $67\ell/hr \cdot$ 人；在一般的情況下，空氣中 O_2 的含量占 21%，人體呼出的氣體中 O_2 占 19%，由此可計算出人體在重作業下的必要換氣量 Q 為：

$$Q = \frac{0.067}{0.21 - 0.19} = 3.35 \quad (m^3/hr \cdot 人)$$

但是以 O_2 濃度來計算的必要換氣量，通常會比要稀釋 CO_2 所需要的必要換氣量來得小很多，譬如上述算出的值，只有在輕作業時要稀釋 CO_2 所需要必要換氣量的 $\frac{1}{10}$，因此 O_2 的濃度通常不是計算必要換氣量的決定值。

2.稀釋二氧化碳（或污染氣體）所需的必要換氣量

第二章有介紹過室內環境中，CO_2 的許可濃度為 1000ppm，若為多數人連續在室內的情況下，則許可濃度在 700ppm 以下，為了控制在這個濃度範圍，最好由室外把適當的新鮮外氣引入室內。若要室內的 CO_2 的濃度維持在許可範圍下，則室內的換氣量至少要與 CO_2 的發生量平衡。室內污染物質的發生量與室間之換氣量平衡時，換氣量之計算如式 3-4.1。

$$Q = \frac{k}{p - p_o} \quad (m^3/hr \cdot 人) \cdots\cdots\cdots\cdots\cdots\cdots\cdots\cdots \textbf{式3-4.1}$$

式中：Q ：換氣量 (m^3/hr)

k ：污染物質容許濃度(m^3/hr)

p ：室內污染物質濃度(m^3/m^3)

p_o ：外氣污染物質濃度 (m^3/m^3)

表3-4.3　各種建築所需換氣量　（文獻 C01）

建築或房間	換　氣　量		換　氣　次　數	
	每人需要量 m^3/hr/人	單位面積需要量 m^3/hr/m^2	機械換氣	自然換氣
劇　　　　院	30～50	75	9～11	——
教　　　　室	30～60	20	6	3～6
辦　公　室	30	12	4	3～6
百　貨　公　司	30	15	5	3～6
走　　　　廊	——	15	5	4.5～9
工　　　　廠	40～60	15	5	6～12
餐　　　　廳	30	25	7	3～6
餐廳之廚房	——	60～90	20～30	6～12
廁所、化妝室	——	10	4	3～6
公　　　　寓	——	8	——	3～6
住宅之廚房	——	8	——	3～6
旅　　　　館	——	8	3	3～6
病　　　　房	60	15	5	3～6
手　術　室	100	30	10	3～6

　　舉例來說，成人在靜坐休息下 CO_2 的發生量為 15ℓ/hr·人（表2-2.2），而外氣的 CO_2 濃度通常為 0.030 ～ 0.035%（ 300 ～ 350ppm），若是長期滯留在室內，則室間之必要換氣量 Q 為：

$$Q = \frac{k}{p - p_o} = \frac{0.015}{0.0007 - 0.0003} = 37.5 \quad (\text{m}^3/\text{hr} \cdot \text{人})$$

表3-4.4　建築技術規則建築設備編第一百零二條之各種用途使用空間設機械通風設備通風量規定

房　間　用　途	樓地板面積每平方公尺所需通風量（立方公尺／小時）	
	機械送風及機械排風、機械送風及自然排風之通風方式	自然送風及機械排風之通風方式
臥室、起居室、私人辦公室等容納人數不多者。	8	8
辦公室、會客室。	10	10
工友室、警衛室、收發室、詢問室。	12	12
會議室、候車室、候診室等容納人數較多者。	15	15
展覽陳列室、理髮美容院。	12	12
百貨商場、舞蹈、棋室、球戲等康樂活動室、灰塵較少之工作室、印刷工廠、打包工廠。	15	15
吸煙室、學校及其他供指定人數使用之餐廳。	20	20
營業用餐廳、酒吧、咖啡館。	25	25
戲院、電影院、演藝場、集會堂之觀眾席。	75	75
廚　房　營業用	60	60
廚　房　非營業用	35	35
配膳室　營業用	25	25
配膳室　非營業用	15	15
衣帽間、更衣室、盥洗室、樓地板面積大於15平方公尺之發電或配電室。	──	10
茶水間。	──	15
住宅內浴室或廁所、照相暗室、電影放映室。	──	20
公共浴室或廁所、可能散發毒氣或可燃氣體之作業工廠。	──	30
汽車庫、蓄電池間。	──	35

　　欲決定室內換氣量並不簡單，以往大都以空氣中 CO_2 的濃度為基準，因為在任一環境中，CO_2 之濃度若逐漸增加，或許尚未影響室內空氣的污染狀態，但已說明了該室的空氣不夠新鮮，因此以 CO_2 濃度決定換氣量為一較便利之方法。但是完全依照 CO_2 含量來決定室內換氣量有時並不太合理，譬如在美國的換氣規範中，其換氣量是依照吸煙程度來決定，而不是依照 CO_2 的濃度。

3.換氣次數

　　換氣次數係依照室間之容積及其居留人數而決定，如式 3-4.2，故通常以每人所需空氣量來決定換氣量較為正確。

$$n = \frac{Q}{V} \quad\cdots\cdots\cdots\cdots\cdots\cdots\cdots\cdots\cdots\cdots\cdots\cdots\cdots\cdots\text{式}\textbf{3-4.2}$$

　　　　式中：n：換氣次數（次/hr）

　　　　　　　Q：換氣量（m^3/hr）

　　　　　　　V：室容積（m^3）

　　決定了室間所需的換氣量及換氣次數後，亦應注意室內之氣流速度不得過大，以防止室內人員產生不適。

3-5　換氣理論

3-5.1　重力換氣

　　室內外若有**溫度差**，則會產生壓力差異而達成自然之換氣作用。室內氣溫常較外氣溫度為高，尤其是冬季室內設有暖氣時與外氣溫度間之差異更大。

　　室內之空氣愈接近地板面則溫度愈低，愈接近天花板面則愈高。當室內之氣溫高於室外氣溫時，室內之氣壓較室外為高，則室內較輕

較熱之空氣將由上方流出室外，較重較冷之空氣由下方流入室內，如此產生循環達成換氣之目的，如圖 3-5.1 所示。

圖 3-5.1 重力換氣示意圖

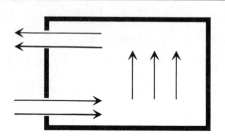

空氣會流動是因為有壓力差的關係，室內周壁壓力差的分布如圖 3-5.2 所示（理想上之狀況），而中間壓力差為 0 的區域稱為**中性帶**。若室溫比室外高，在重力換氣的場合，一般中性帶的下方是空氣的流入側，上方是空氣流出側，如圖 3-5.4 所示；若是室溫比外氣溫稍低時，則情形正好相反，中性帶的上方為流入側，下方則是流出側。

圖 3-5.2 室內外溫差所產生的壓力分布 （文獻 C07）

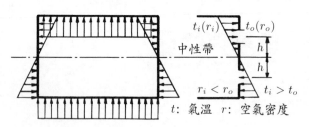

圖 3-5.3　開口部位置與重力換氣　（文獻 C07）

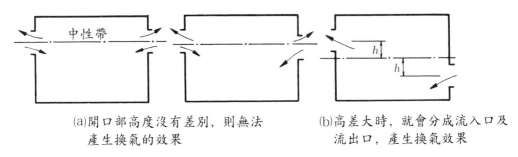

(a)開口部高度沒有差別，則無法　　(b)高差大時，就會分成流入口及
　　產生換氣的效果　　　　　　　　　　流出口，產生換氣效果

圖 3-5.4　重力換氣的途徑　（文獻 C07）

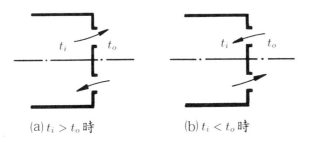

(a) $t_i > t_o$ 時　　　　　　　(b) $t_i < t_o$ 時

3-5.2　風力換氣

　　依靠風力（風壓）達成之換氣方式，亦可稱之為**通風**（Cross Ventilation）。當室外風速超過 1.5m/sec 時，風力即可促成自然之換氣。風力換氣是由建築物之開口部或開口部的間隙吹入及吹出空氣而達成換氣之效果，所以風力換氣之換氣量乃依照建築物開口部之配置情形而決定之。

　　空氣流動有其相當穩定之特性，設計者應熟悉下列之特性，方能在設計過程中配合應用，達到自然通風舒適之目的。

1.通風高壓及低壓力之區域

　　一棟建築物就像一個靜止的阻礙體，當風吹向此建築物時，會因受阻而使空氣之流動改變方向，通常風會因阻礙而向上及兩側改變方

向，此時在阻礙物前端會有**高壓力區域**產生；相對地，當氣流遇到建築物而改變風速及風向時，此時會在建築物側方及背風方向產生**壓力較低之區域**。

圖3–5.5　通風高壓及低壓力之區域　（整理自文獻C02）

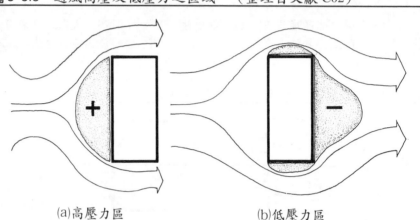

(a)高壓力區　　　　　　　(b)低壓力區

2.通風之慣性

當建築物有開口時，風經由開口部進入室內，再由另一開口流出室外，此時室內空氣流動的方向應該和室外空氣流動方向一致，稱為風之慣性。風之慣性必須建立於兩種假設條件下：

⑴室內必須要有另一開口提供風流出；

⑵室內並無特殊固定物體（牆或者大型傢俱）足以改變風在室內方向。

3.氣體之流動

空氣的流動是由壓力大的區域流向壓力小的區域，自然通風同樣也是如此，從 3–5.6 圖中可明顯看出上述空氣流動之趨勢，其流動的模式由風力慣性與壓力差異所決定，前者取決於自然氣候環境，後者取決於建築設計之影響。

圖3-5.6　通風之慣性　（整理自文獻C02）

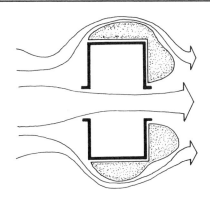

4.通風之流動方向改變

　　前面提及風遇到阻礙時，速度會減緩並改變方向，當風進入室內以後，室內之阻礙物，如隔間牆、屏風、或者大型傢俱等，亦會對室內通風的速度及方向造成影響。因此針對不同基地特性所提供的自然通風環境做不同的設計取決，通風速度過大的地方，須以降低室內通風速度為方向；反之若自然環境所提供之通風速度過小，則應避免通風速度在室內遇阻而降低了通風效果。

5.通風之速度

　　隨著入風口和出風口面積的不同，進入室內的空氣會改變其流通速度，從物理性質可得知入風口小、出風口大時會將室內通風速提高；反之入風口大、出風口小，則會造成入風口面之室外風速加大。

6.開口部位置

　　空氣在室內流動的模式不僅只被風之流動方向與通風壓力差異所決定，同時亦被入風口及出風口之位置所影響，隨著相對開口位置的不同，室內通風亦會隨著改變。

圖3-5.7   通風之速度   （整理自文獻 C02）

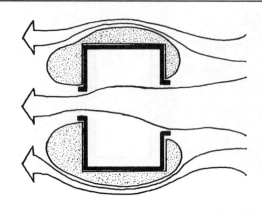

圖3-5.8   通風開口部位置   （整理自文獻 C02）

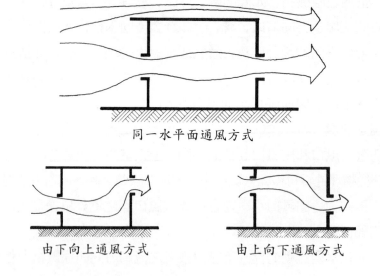

同一水平面通風方式

由下向上通風方式   由上向下通風方式

3-5.3   強制換氣

　　依靠機械設備如**送風機**、**排風機**而達成的強制換氣方式稱為**機械換氣**。而在空氣調節設備的機械換氣過程中加有溫度與濕度的調節、除塵、除菌、除臭等功能者皆屬於強制換氣的方式。因為自然換氣量

常與建築物實際所需要的換氣量難以符合，所以常借助機械換氣的方式來補助自然換氣的不足。

機械換氣主要是根據所需要的換氣量來決定送風機的馬力，並在室內適當處設置排氣口以保持較佳的循環。除使用送風機外，亦可使用排風機以排除室內之空氣。或併用送風機與排風機或可以擇一與自然換氣搭配使用。

一般而言，排風機的換氣效果不如送風機來得好，以兩者同時併用較為合理，亦即以送風機送入外氣，排風機排除室內之污染空氣。

機械換氣依其向室內送氣之方式可分為：

1.下向換氣

於室間之上方送氣，下方排氣。

2.上向換氣

於室間之下方送氣，上方排氣。

3.水平換氣

送氣和換氣在同一平面。

4.合併換氣

換氣的氣流方向與室內空氣的自然對流方向一致時效率較高，所以上向換氣多用於有暖氣設備時，不過上向換氣有將地板面的塵埃、細菌揚起的缺點，且用於冷氣設備時室內人員會感覺腳下有寒冷感；而下向換氣用於冷氣設備時效率較高。

圖3-5.9　機械換氣種類（單室剖面示意圖）

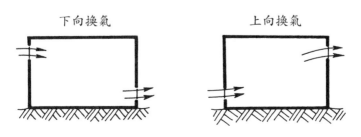

3-5.4　局部換氣

1.換氣塔

　　自然換氣法中若設計一些局部換氣的設施，則可以獲得不錯之換氣效果，如換氣塔即為一般常用的局部換氣設施。換氣塔主要是利用外部風力來達到換氣的目的，如圖3-5.10所示。

圖3-5.10　換氣塔　（文獻J03）

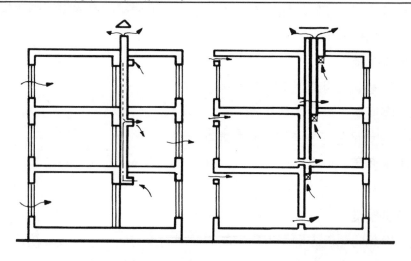

2.氣罩（Hood）

　　若室內有會產生有害氣體、粉塵、水蒸氣及大量的熱之物體時，應該在發生源之最近處裝設排氣口以排出室外，避免污染氣體向室內擴散。此種排氣口稱為氣罩。氣罩若能完全排出污染氣體則其效果最佳，故氣罩之尺寸及高度應為能籠罩整個污染物發生源為最好。圖3-5.11為氣罩之一例，自然換氣時，排氣管之斷面積與氣罩開口面積之比應在$\frac{1}{15}$以上。

圖3-5.11 氣罩 （文獻 J03）

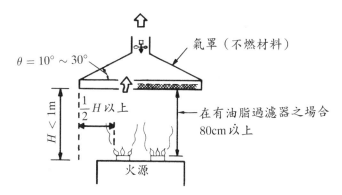

$\theta = 10° \sim 30°$

氣罩（不燃材料）

$\frac{1}{2} H$ 以上

$H < 1m$

在有油脂過濾器之場合 80cm 以上

火源

　無法以氣罩排除之污染物質，應該在室內牆壁上加設排氣口，其位置愈高愈佳。天花板上應做成傾斜面，並在天花板最高處設置排氣筒，使污染氣體向上排除之。

3-6 換氣路徑

3-6.1 以風力為動力之換氣路徑

　室內空氣之更換速度稱為**換氣速率**。平面上或剖面上不同開口部之配置，都會影響到室間之換氣效率及換氣路徑。

圖3-6.1 建築群之氣流狀態（剖面） （文獻 C01）

圖3–6.2　建築群之氣流狀態（平面）　　（文獻 C01）

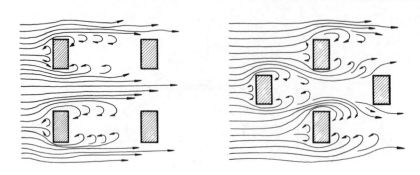

3–6.2　以重力為動力之換氣路徑

　　重力換氣時，氣流（換氣）的路徑是依照熱對流而變化，同時室內人員的作業面亦會影響換氣路徑。通常作業面的溫度較高，空氣通過作業面後溫度會增高而上昇，因此室內的上層部分空氣之較人員作業高度之溫度為高。作業面若為點熱源時，則熱對流之擴展在熱源之上方呈圓錐狀，範圍大約為 ±20° 左右，如圖 3–6.5，此圓錐狀之對流氣流稱為**對流圈**。

　　在有高熱源存在之空間內（如工廠），應該詳細考慮因高熱源而產生之熱對流的擴展情況，在其對流圈之上部設計排氣口，以使熱對流上昇之高溫空氣排出室外，避免對室內空間之空氣品質造成太大之影響。

3–6.3　兩者合併之換氣路徑

　　理論來說，室間若有開口部，換氣的方式是風力換氣與重力換氣合併起來的效果，所以換氣的路徑也會同時受到風力與重力（溫度）的影響。因此為了促進換氣效率，風力換氣與重力換氣之換氣路徑最好能設計在同一方向。

圖 3-6.3　平面上之換氣路徑　（文獻 C01）

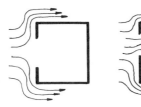

任一室間必須有入風口及出風口，右圖無出風口，故無通風。

隔間牆將室內分成兩間，上部房間無通風，下部房間有微弱之通風效果。

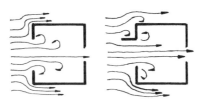

入風口大而出風口小時則通風量小。

入風口邊加設導風板時，可使室內氣流增高，有助於通風效果。

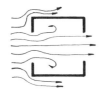

入風口大且出風口大時則通風量較佳，室內流速亦較室外高。

氣流受隔間牆之阻擋，通風效果不佳。

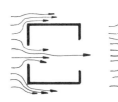

入風口小而出風口大時，入風口之氣流流速相當高。

隔間牆與氣流平行，使流速增高。

無隔間牆之轉角通風。

圖3-6.4　剖面上之換氣路徑　（文獻 C01）

入風口低而出風
口高，通風之效
果較符合人體活
動範圍。

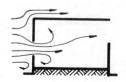

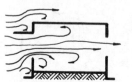

入風口上方有庇
簷，可導引氣流
流向上方。

入風口高而出風
口在中間位置，
氣流偏室間上
部。

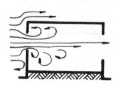

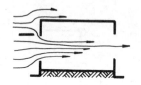

入風口上方之庇
簷留有間隙，可
使室內產生理想
之氣流。

入風口低且出風
口低，氣流流
動在人體活動範
圍，通風效果較
佳。

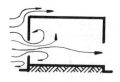

入風口為迴轉窗
，斜向上方時，
使氣流流向
上方，無助於人
體活動範圍之通
風。

入風口低而出風
口在中間位置，
亦具通風之效
果。

入風口為迴
轉窗，斜向下方
時，使氣流流向
下方，有助於人
體活動範圍之通
風。

入風口在地板面
，出風口在中間
位置，氣流較
低。

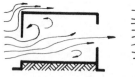

入風口裝有百葉
窗簾，可導引氣
流之方向，但
亦會阻礙氣流進
入。

屋簷有助於氣流
之集中，使室內
之氣流增加。

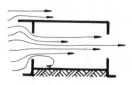

圖3-6.5　對流圈　　（文獻 C01）

　　當室內氣溫＞室外氣溫時，重力換氣（溫度差）的路徑為自下方流向上方。而室內氣溫＜室外氣溫時則相反，為自上方流向下方。重力換氣的路徑通常必須從室間之剖面上了解，而風力換氣受開口部之影響，其路徑必須視開口部之配置情況而定。無論換氣是採何種方式，空氣（或氣流）之分布在室內是三度空間的影響，風力與重力合併促成之換氣路徑較難控制。表3-6.1為較單純的二度空間（平面或剖面）之情形。

表3-6.1　重力換氣與風力換氣同時考慮時之換氣情況　（文獻 C01）

風　力	溫度差	綜合結果
		增強
		抵消
		增強
		抵消
		大部分抵消
		一部分抵消 一部分增強
		增強
		抵消
		一部分增強 一部分抵消
		大部分抵消
		一部分抵消 大部分增強

3-7 換氣與通風計劃

3-7.1 換氣計劃之原則

1.室內若有局部發生有害氣體、粉塵、水蒸氣及大量的熱之物體時，應該在污染氣體向室內周圍擴散前，將污染氣體排出室外。譬如在發生源之最近處裝設排氣口（如氣罩）。

2.手術室及清淨室（Clean room）等不允許有污染空氣流入的空間，必須利用機械換氣或空氣調節設備來進行換氣，使此種室間內之氣壓恆高於室間周圍之氣壓，避免污染空氣流入。（**正壓之維持**）

3.廁所、浴室或會產生有害氣體的工廠等，必須保持室內之氣壓恆低於室間周圍之氣壓。（**負壓之維持**）

4.不論是採用自然換氣或是機械換氣，都必須詳細檢討換氣路徑，應使室內空氣均一循環，不令其產生**死域現象**（Dead Zone）或**短路循環現象**。

5.在空調系統之運用方面，必須考慮節省能源之手法，如**適當控制外氣引進量**，此外為了減少在更換空氣過程中的熱損失，可使用**全熱交換器**，對排出的空氣進行熱回收。

圖 3-7.1 短路循環現象 （文獻 C08）

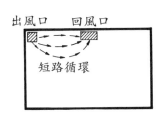

圖 3-7.2 死域現象 （文獻 C08）

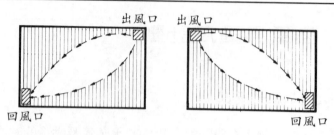

3-7.2 不同類型之建築物在換氣計劃上之注意事項

1.獨立住宅和集合住宅

　　住宅換氣計劃上的基本原則，是利用自然換氣的手法來達到居室冬暖夏涼的效果，以及確保必要的換氣量，使居住者不會覺得不舒適。而在廚房的換氣方面，必須考慮氣罩或排油煙機之設置，以排除廚房的油煙。另外廚房和浴室最好能直接和外氣進行換氣，避免為完全封閉之空間。

2.辦公建築

　　和住宅建築一樣，辦公建築必須維持室內人員至少有最小的自然換氣量以及最低限度的新鮮外氣引入，室內空間的氣壓除了廁所及排氣的機房外，必須保持比大氣壓大，避免戶外的髒空氣流入。靠近道路的 CO、CO_2、NO_x 濃度較高，外氣的引入口應遠離道路，最好也能避免設置在室內排氣口附近。抽煙所產生的污染佔室內空氣污染的比例也很重，最好能設置吸煙室，針對吸煙室作換氣計劃。

3.工廠建築

　　不同類型的工廠的換氣形態差別很大，必須視工廠的類型而定。會大量產生水蒸氣、熱，或污染物質的，應該利用局部換氣的手法，將污染氣體快速的排出戶外。製鋼、鑄鐵等高溫的工廠，在建物的造型上必須強調利用自然換氣通風的方式。而有人員工作的空間，必須考慮使用局部給氣或局部冷房，來調整適合人員工作的環境。

3-7.3 自然通風計劃

　　建築物之自然通風計劃開始之初，首先要考慮的是計劃基地及基地內建築位置之選定。建築物本身之自然通風考慮再好，若是建築物位於無自然風形成之基地或位置，亦無法使建築物自然通風；同樣的，若無適當的設計計劃配合，即使選擇了一個自然風條件優良的基地或位置，亦會造成建築物本身的自然通風效果不良；相對地，若因建築物特殊機能的需求而欲降低空氣流動的速度，減少通風的效果，亦可在基地選定時加以考慮，或是以設計手法來達成。

　　以下為自然通風計劃之要點：

　　1.建築物的基地必須位於自然風形成之位置

　　2.建築物的配置必須配合自然風形成之方向

　　3.依據所需通風換氣量，適當地設計開口部（面積、位置）

　　4.利用室內隔間或室外植栽輔助通風

　　5.利用開口部之位置與形式調整通風模式

關 鍵 詞

3-1　換氣、通風、自然換氣、機械換氣

3-3　空氣污染、空氣污染物標準指標（PSI）、空氣環境自動連續量測系統

3-4　必要換氣量、換氣次數

3-5　重力換氣、中性帶、風力換氣、通風慣性、機械換氣、局部換氣、氣罩

3-6　換氣速率、換氣路徑、對流圈

3-7　正壓維持、負壓維持、死域現象、短路循環現象

習　題

1.何謂換氣？換氣的目的為何？換氣的種類有哪些？

2.何謂空氣污染？試簡述集合住宅室內污染物的來源。

3.試述空氣環境的自動連續量測系統的方式及其目的。

4.何謂必要換氣量及換氣次數？在建築設計上有何意義？

5.以 O_2 與 CO_2 濃度來計算必要換氣量有何不同？

6.重力換氣與風力換氣的方式有何不同？

7.何謂機械換氣？

8.氣罩的用途為何？

9.試述換氣計劃與自然通風計劃的原則。

10.試比較住宅、辦公與工廠建築的換氣計劃。

第四章　傳熱

4-1 概說

　　建築物常年受室內外各種氣候之影響；屬於**室外的氣候因素**如太陽輻射、空氣之溫濕度、風、雨雪等。屬於**室內的因素**如空氣之溫濕度、生產及人體發散之熱量與水份等；這些因素直接影響室內氣候狀況，也一定影響在室內活動的人體健康與代謝之運轉，甚至對於建築物之耐久性上也有一定程度之影響。

　　藉由了解建築工程中傳熱傳濕之基本原理，配合材料的熱物理性能，發展構造處理技術，才能通過建築規劃和設計上的對應措施，有效的防止或利用室內外熱濕作用，並配合適當的設備，進行人工調節，合理解決建築的保溫、防熱、防潮、節能等問題，以創造良好的室內氣候環境並提高耐久性。

4-2 傳熱的基本方式

　　傳熱指的是包括各種形式熱能轉移現象的總稱，根據傳熱機制的不同，傳熱的基本方式分為**傳導**、**對流**和**輻射**三種，由**高溫處向低溫處**傳遞。

4-2.1 熱傳導

　　熱傳導是由**溫度不同的質點**（分子、質子、自由電子），在熱運動中引起的熱能傳遞過程。在固體、液體和氣體中均能產生熱傳導現象。

4-2.2 對流熱傳遞

　　對流熱傳遞只發生在**流體之中**，它是因溫度不同的各部份流體間

發生相對運動，互相摻合而傳遞熱能。促使流體產生對流的原因有二：一是本來溫度相同的流體，因其中某一部份受熱（或冷卻）而產生溫度差，形成對流運動，這種對流稱之為**自然對流**（natural convection）；二是因受外力作用(如風吹、泵壓等)，迫使流體產生對流，這種對流稱之為**受迫對流**（forced convection）。自然對流的程度主要決定於流體各部份之間的**溫度差**，溫差愈大則對流愈強。受迫對流的程度則取決於**外力的大小**，外力愈大，則對流愈強。

4-2.3 輻射熱傳遞

輻射熱傳遞與對流熱傳遞和熱傳導有本質的區別，它是以**電磁波傳遞熱能**的。凡溫度高於**絕對零度**（0°K）的物體，都能發射輻射熱。輻射熱傳遞的特點是發射體的熱能都是變為電磁波輻射能的方式傳遞，被輻射體又將所接受的輻射能轉換成熱能。

4-3 傳熱現象

一般自然界的傳熱乃綜合上述三種現象，依其過程可分為：

1.熱傳導

係指**固體內部**之熱流動狀態。

2.熱傳遞

為**固體與流體間**之傳熱狀態。

3.熱傳透

為**熱傳遞**＋**熱傳導**＋**熱傳遞**。即為固體所遮斷之兩面流體間之熱流動狀態。

圖4-3.1　熱傳導、熱傳遞、熱傳透示意圖　（文獻J03）

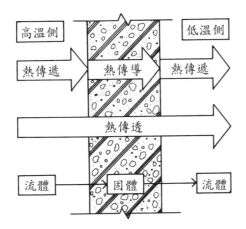

4-3.1　穩定傳熱與不穩定傳熱

　　如上述，自固體壁面兩側流體之間之熱貫穿流動稱為熱傳透，即由傳遞至傳導再至傳遞之全過程是也。所謂**穩定傳熱**係指透過固體介質的熱流量與介質兩側之溫差成正比。一定的溫差產生一定的流量，與時間變動或介質熱容量無關。**穩定傳熱**是一種最簡單和最基本的傳熱過程，由於其計算簡便，故在建築外殼傳熱計算和估算中，常被採用；而在建築的實際傳熱過程中，並非如此，建築物的構造不同、或是材料的不同都會影響實際的傳熱流量，而不只是與介質兩側之溫差成正比，如此狀況稱之為**不穩定傳熱**。

4-4　傳熱原理與計算

　　正如我們所知的，室外環境的熱作用通過建築物的外殼影響著室內的熱環境，為確保冬、夏室內舒適之熱環境要求，必須採取相應之保溫和隔熱措施。在具體討論建築物之保溫和隔熱措施之前，我們首先應清楚：熱量在室內外間是如何傳遞的？傳熱量的多少，建築構造

內部和表面溫度的高低，與室內外溫度、材料性質與構造方式之間有何關連等等。為解決這些問題，掌握基本的傳熱原理和計算方法，以及了解材料的一些基本物理特性是非常必要的。

4-4.1　穩定傳熱

如上述，所謂穩定傳熱係指透過固體介質的熱流量與介質兩側之溫差成正比。一定的溫差產生一定的流量，與時間變動或介質熱容量無關。穩定傳熱是一種最簡單和最基本的傳熱過程，由於其計算簡便，故在建築熱工學計算和估算中，常被採用。

1.穩定傳熱基本公式

穩定傳熱與介質兩側溫差及介質本身傳熱容易度（即 U 值）有關，其基本公式如下：（如圖 4-4.1所示）

$$Q = U \times (T_h - T_\ell) \times A \cdots\cdots\cdots\cdots\cdots\cdots\text{式4-4.1}$$

式中：Q：傳透熱量　　　　　U：熱傳透率 (W/m²℃)
T_h：高溫側溫度 (℃)　　T_ℓ：低溫側溫度 (℃)
A：表面積 (m²)

圖 4-4.1　穩定傳熱示意圖　　（文獻 C33）

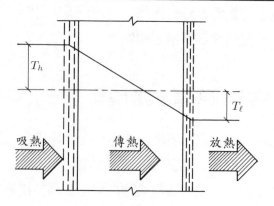

2.表面有輻射時之穩定傳熱

上述之傳熱過程只是以溫差來計算熱流量，然而當表面有輻射熱（如日射）時，其傳熱量亦須考慮輻射之影響。為了計算方便，有一種稱之為**等價外氣溫度** (Sol air temperature，又稱**相當外氣溫度**)的數值，將溫差及輻射因素綜合成一個假想的溫差值，以利實際的熱流量計算。其計算式可以下列諸式表示（文獻 C02）：

$$Q = U \times (T_e - T_r) \times A \cdots\cdots\cdots\cdots\cdots 式4\text{-}4.2$$

$$T_e = T_o + \alpha \cdot \frac{I_t}{h_o} - \varepsilon \cdot \frac{\Delta R}{h_o} \cdots\cdots\cdots\cdots 式4\text{-}4.3$$

式中：T_e：等價外氣溫度(℃) T_o：外氣溫度(℃)

α：日射吸收率 I_t：全天日射量 (W/m²)

ΔR：長波輻射量 (W/m²) ε：輻射率 (W/m²)

h_o：外氣膜之熱傳遞率 (W/m²℃)

圖4-4.2 表面有輻射熱時穩定傳熱示意圖 （文獻 J03）

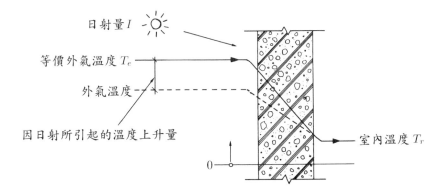

由式4-4.3可知，於相同受熱條件下，外表之等價溫度隨外表特性 $\frac{\alpha}{h_o}$ 之增大及外表輻射率 ε 之減小而升高。 其中 ΔR 通常較小，有時可省略而簡化成下式（文獻 C02）：

$$T_e = T_o + \alpha \cdot \frac{I_t}{I_o} \cdots\cdots\cdots\cdots\cdots\cdots\cdots\cdots\cdots\cdots\cdots\cdots\text{式 4-4.4}$$

式中：T_e：等價外氣溫度（℃） T_o：外氣溫度（℃）

α：日射吸收率 I_t：全天日射量（W/m²）

4-4.2 熱傳透率之計算

建築外殼之熱傳透率為室內空氣與外氣之間 1℃之溫差每 m² 每小時透過之熱量，記號為 U，計算如下：

$$U = \frac{1}{R} \cdots\cdots\cdots\cdots\cdots\cdots\cdots\cdots\cdots\cdots\cdots\cdots\cdots\cdots\text{式 4-4.5}$$

式中：U：熱傳透率（W/m² ℃·hr）

R：熱阻（m² ℃/W）

4-4.3 穩定傳熱部分熱阻

熱量從壁體一側空間通過壁體傳至另一側空間，受到三部份阻力：**內表面**的熱阻（室內氣膜熱阻或熱傳遞率）、**壁體本身**的熱阻 $\sum R$ 和**外表面**的熱阻（室外氣膜熱阻或熱傳遞率）。現分別說明各部熱阻之確定方法。

1.氣膜熱阻或熱傳遞率

氣膜熱阻由兩部份組成。一部份是當空氣沿壁面流動（自然對流或強迫對流）時，附於表面的一層薄層流邊界面，如同附加在壁體上的一薄層材料，對熱傳遞具有一定的阻力。阻力的大小隨邊界層的薄膜而定。層流邊界層的薄厚與氣流速度有關，流速愈大，邊界層愈薄，則外殼散熱愈快，在夏天可增加建築物的散熱。另一部份的阻力是在周圍環境的輻射換熱中表現出來的。壁體表面對外來的輻射，會反射一部分出去，壁面向外輻射出去的熱量，外界又會反射回來一部分，這種相互作用，在輻射換熱過程中呈現為一種阻力。室外氣膜熱阻與熱

傳遞率依表 4-4.1計算之。室內氣膜則接近靜止狀態，其值依表4-4.2之
規定。

表4-4.1　設計用室外氣膜之熱傳遞率　（文獻 C13）

冷　房　負　荷		風速 (m/s)	h_o	$R_o = 1/h_o$
冬季 暖房	市街	約 5	35	0.03
	郊外	約 7	41	0.02
夏季 冷房	市街	約 3	23	0.04
	郊外	約 5	35	0.03

表4-4.2　室內氣膜之熱傳遞率　（文獻 C13）

外表面位置 及 熱流方向	表面的反射率	
	一般的反射條件下 ($\varepsilon = 0.83$、$\delta = 0.55$)	
垂直	9	4
水平——向上	11	7
——向下	7	3

2.材料層的熱阻

在建築工程中，常見的結構材料層可分為**單一材料層、複合材料層和封閉空氣層**等三類：

(1)單一材料層的熱阻　單一材料層是指整層由一種材料做成，如混凝土、磚牆、粉刷等。其熱阻按下列公式計算：

$$R = \frac{d}{\lambda} \cdots\cdots\cdots\cdots\cdots\cdots\cdots\cdots\cdots\cdots\cdots\cdots\cdots\cdots\cdots 式4-4.6$$

式中：d：材料層厚度(m)

λ：該層材料的熱導係數(W/m²℃)

(2)複合材料層的熱阻　在實際建築中結構內部各別材料層常由兩種以上的材料組成複合材料層，其熱阻可按下述方法計算：

垂直方向複合材料：

$$\overline{R} = \frac{F_1 + F_2 + F_3 + \cdots + F_n}{\dfrac{F_1}{R_1} + \dfrac{F_2}{R_2} + \dfrac{F_3}{R_3} + \cdots + \dfrac{F_n}{R_n}}$$ ‧‧‧‧‧‧‧‧‧‧‧‧‧‧‧‧‧‧‧‧式**4-4.7**

式中：$\overline{R}$：平均熱阻 $(m^2\ {}^\circ C/W)$

F_n：垂直方向第 n 層表面積 (m^2)

圖 4-4.3　組合材料層垂直方向　（文獻 C34）

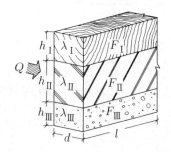

圖 4-4.4　組合材料層水平方向　（文獻 C02）

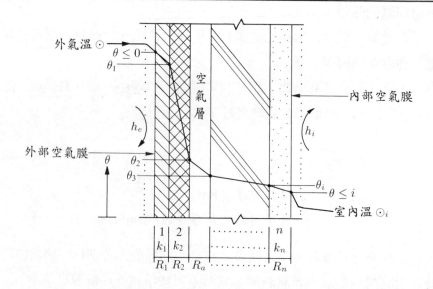

水平方向複合材料：

$$R = \cfrac{1}{\cfrac{1}{h_o} + \cfrac{L_1}{\lambda_1} + \cdots + \cfrac{L_n}{\lambda_n} + \cfrac{1}{h_i}} \quad \cdots\cdots\cdots\cdots\cdots\cdots \text{式 4-4.8}$$

式中：h_o、h_i：室外、室內表面熱傳遞率（W/m²℃）

R_o、R_i：室外、室內表面熱阻（m²℃/W）

(3)封閉空氣層的熱阻　靜止的空氣介質導熱性甚小，因此在建築設計中常利用封閉空氣層，作為結構的保溫層。在空氣層中的傳熱過程，與固體材料層不同。固體材料層內是以導熱方式傳遞熱量。而在空氣層中，傳導、對流和輻射三種傳熱方式都同時存在。因此，空氣層不像實體層那樣，當導熱係數一定後，材料的熱阻與厚度成正比關係。在空氣層中，其熱阻主要決定於空氣層厚度與介面之間的輻射換熱強度。中空層厚度與熱阻的關係如圖4-4.5所示。

圖4-4.5　中空層厚度與熱阻的關係　　（文獻 J03）

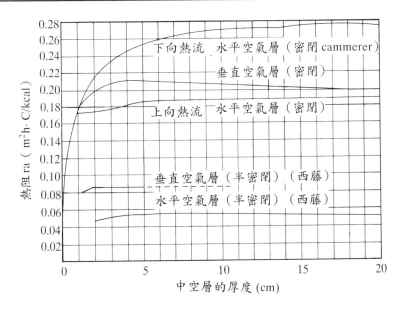

在垂直空氣層中，當空氣層兩側存在溫差時，熱表面附近空氣將上升，冷表面附近空氣則下降，形成一股上升和一股下降的循環氣流（如圖 4-4.6）。當空氣層厚度較薄時，這兩股氣流就會產生干擾，使對流產生停滯。但隨著厚度的增加，上升和下降的循環氣流干擾會漸漸變小，對流速度會漸漸增加，當厚度達到一定程度時，就與開敞空間中所產生的對流情況相似，此時，再增加空氣層厚度所增加之隔熱效果即不顯著。

圖 4-4.6　垂直及水平中空層的傳熱現象　（文獻 J03）

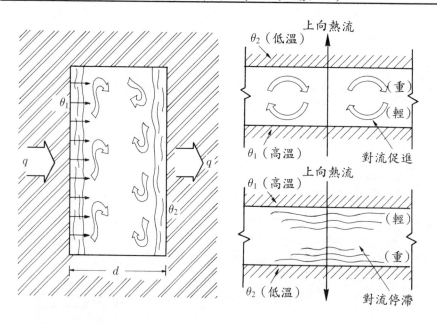

如圖 4-4.6 所示，在水平空氣層中，當空氣層上方溫度較高時，因熱傳遞之方向與空氣對流之方向相反，此時之熱阻較高，熱交換較弱。相反地，當空氣層下方溫度較高時，因此時之熱傳遞方向與空氣對流之方向相同，此時之熱阻較小，熱交換也較強。表 4-4.3 為空氣層之熱阻。

表4-4.3　空氣層之熱阻　（文獻 C02）

空氣層位置	熱流方向	2cm厚				4cm厚				10cm 及 20cm 以上厚			
		$E=0.03$	$E=0.05$	$E=0.20$	$E=0.82$	$E=0.03$	$E=0.05$	$E=0.20$	$E=0.82$	$E=0.03$	$E=0.05$	$E=0.20$	$E=0.82$
水平	向下 a	0.627	0.572	0.366	0.148	1.050	0.923	0.486	0.164	0.747	1.423	0.595	0.174
45°	向下 b	0.618	0.570	0.368	0.148	2cm～10cm 間之熱阻可用內插法求得				0.852	0.768	0.440	0.158
垂直	水平 c	0.623	0.578	0.370	0.148					0.657	0.606	0.380	0.160
45°	向上 d	0.518	0.489	0.356	0.166					0.560	0.528	0.375	0.169
水平	向上 e	0.410	0.393	0.301	0.153					0.507	0.481	0.350	0.165

a.應用在夏季平屋頂隔熱之計算，空氣層之平均溫度 30℃。
b.應用在夏季斜屋頂隔熱之計算，空氣層之平均溫度為 30℃，空氣層兩面溫差為 5℃。
c.應用在夏季外牆隔熱之計算，空氣層之平均溫度為 30℃，空氣層兩面溫差為 5℃。
d.應用在冬季平屋頂隔熱之計算，空氣層之平均溫度為 10℃，空氣層兩面溫差為 5℃。
e.應用在冬季斜屋頂隔熱之計算，空氣層之平均溫度為 10℃，空氣層兩面溫差為 5℃。

　　　　計算上述各種材料之熱傳導係數可採表4-4.4之值，由於臺灣地區屬海島型氣候，全年濕度高，宜採**濕潤欄**之 k 值。

表4-4.4　建材之熱傳導係數　（文獻C13）

分類	材料		密度 kg/m³	熱導係數 k 乾燥 W/m·k	熱導係數 k 濕潤 W/m·k	備　註
	名　稱	分　類				
金屬、玻璃	鋼材		7860	45	45	不因吸水、吸濕而改變 k 值
	鋁及鋁合金		2700	210	210	
	板玻璃		2540	0.78	0.78	
水泥、石	輕質泡沫混凝土		600	0.15	0.17	含水狀態 k 值增加100%
	人工輕骨材鋼筋混凝土板		1600	0.65	0.8	
	輕骨材混凝土		2200	1.1	1.4	
	預鑄混凝土		2400	1.3	1.5	
	灰漿		2000	1.3	1.5	
	石灰		1950	0.62	0.8	
	石板		2000	0.96	1.0	
	磁磚		2400	1.3	1.3	
	石棉柏油磚		1800	0.33	0.33	
	紅磚		1650	0.62	0.8	
	岩石		2800	3.5	3.5	
木質纖維	軟質纖維板	A級	200～300	0.046	0.0056	柏油含浸材、吸煙少 0.05g/m³ ·表面防濕處理 ·濕潤注意通氣特性
	軟質纖維板	B級	200～400	0.081	0.0097	
	軟質纖維板		200～400	0.058	0.0060	
	半硬質纖維板		400～800	0.11	0.13	
	硬質纖維板		1070	0.18	0.22	
	塑合板		400～700	0.15	0.17	
	木泥板（鑽泥板）	普通品	430～700	0.15	0.18	
	木泥板（鑽泥板）	耐燃品	670～800	0.22	0.26	
	普通木片水泥板		670～800	0.16	0.19	
	硬質木片水泥板		830～1080	0.18	0.22	

表4-4.4 建材之熱傳導係數（續一） （文獻 C13）

分類	材料 名稱	材料 分類	密度 kg/m³	熱導係數k 乾燥 W/m·k	熱導係數k 濕潤 W/m·k	備註
合成樹脂板	成形聚苯乙烯保溫板——保麗龍	1號	30	0.037	0.0038	
	成形聚苯乙烯保溫板——保麗龍	2號	25	0.038	0.0040	
	成形聚苯乙烯保溫板——保麗龍	3號	20	0.041	0.0045	・比重 30kg/m³
	成形聚苯乙烯保溫板——保麗龍	4號	16	0.044	0.0048	
	押出發泡聚苯乙烯板	普通品	23	0.037	0.0037	
	押出發泡聚苯乙烯板	氛化發泡	40	0.025	0.0025	・比重 29kg/m³
	硬質聚烏保溫板(PU板)	2號、5號	25～50	0.027	0.0028	
	硬質聚烏保溫板(PU板)	3號、4號	30～40	0.024	0.0025	
	噴硬質聚烏板	氛化發泡	25～50	0.028	0.0029	
	噴硬質聚烏板	氛化發泡	30～39	0.026	0.0027	軟質吸濕性大，不適於建築用
	軟質聚烏板	各種	20～40	0.042	0.0050	
	PE發泡板——25倍獨立氣泡	各種	30	0.038	0.0038	
	PE板	各種	30～70	0.044	0.0044	
	硬質塑鋼板	各種	30～70	0.036	0.0035	
纖維材	玻璃棉保溫板		10	0.051	0.056	・玻璃密度為 30kg/m³ 時，導熱係數為最低
	玻璃棉保溫板		12	0.048	0.0056	
	玻璃棉保溫板		16	0.044	0.0048	
	玻璃棉保溫板		20	0.041	0.0044	
	玻璃棉保溫板		24	0.039	0.0042	
	玻璃棉保溫板		32	0.036	0.0040	
	玻璃棉保溫板		96	0.035	0.0039	
	玻璃棉保溫板		96	0.041	0.0045	
	岩棉保溫材		40～140	0.038	0.0042	
	噴岩棉		1200	0.046	0.0051	
	岩棉吸音板		200～400	0.058	0.0064	

表4-4.4　**建材之熱傳導係數（續二）　　（文獻 C13）**

分類	材　　　　料		密度	熱導係數k 乾　燥	熱導係數k 濕　潤	備　　註
	名　　　稱	分　類	kg/m^3	W/m·k	W/m·k	
木質材	合板	含各種化裝板	500	0.15	0.18	·美耐板受水濕潤之影響小
	木材	各種輕量材	400	0.12	0.14	
	木材	各種中量材	500	0.14	0.17	
	木材	各種重量材(I)	600	0.16	0.19	·比重:300～700kg/m^3
	木材	各種重量材(II)	700	0.18	0.21	
	鋸木屑		200	0.070	0.093	
	絲狀木屑		130	0.065	0.088	
其他	水蒸氣		——	0.02	——	
	水		998	0.6	——	
	冰		917	2.2	——	
	雪		100	0.06	——	
	空氣		1.3	0.022	——	
土瀝青、塑膠薄板	泥壁（和式房屋之隔間牆）		1300	0.68	0.8	
	纖維質塗漿		500	0.12	0.15	
	榻榻米		230	0.11	0.15	
	合成榻榻米		200	0.065	0.70	
	地毯		400	0.073	0.08	
	內填斷燃材料包塑膠皮		600～700	0.078	0.078	
	塑膠地磚		1500	0.19	0.19	
	硬塑膠、油地毯		1000～1500	0.19	0.19	
	玻璃纖維強化膠(FRP)		1600	0.26	0.26	
	瀝青柏油屋面材料		1000	0.11	0.11	
	瀝青柏油屋頂材		1150	0.11	0.11	
	牆壁、天花板裝修用壁紙		550	0.13	0.15	
	防潮紙類		700	0.21	0.21	

表4-4.4 建材之熱傳導係數（續三） （文獻 C13）

分類	材料		密度	熱導係數 k 乾 燥	熱導係數 k 濕 潤	備 註
	名 稱	分 類	kg/m³	W/m·k	W/m·k	
珍珠岩、石膏	板條石膏板	0.8k	710~1110	0.14		
	石棉水泥矽酸鈣板	1.0k 與 c	600~900	0.12		
	石棉水泥矽酸鈣板	0.5 級	900~1200	0.12		
	石棉水泥珍珠岩板	0.8 級	400~700	0.093		
	石棉水泥珍珠岩板		700~1000	0.15		
	泡沫水泥板		1100	0.2		
	半硬質碳酸鎂板		450	0.093		
	硬質碳酸鎂板		850	0.18		
	石棉水泥板		1500	0.96		

4-4.4 不穩定傳熱

　　以上所討論之穩定傳熱，前提是外部熱作用不隨時間改變。但在建築實際傳熱行為卻不如此單純，固體介質的熱傳透行為中會因為固體的熱容量而吸放熱量，產生熱流的遲滯現象（所謂的時滯現象）而使熱流產生複雜的時間變動因素，稱之為不穩定傳熱。例如以圖 4-4.7 來說明：(a)圖為假設外氣溫度發生變動時其室內外溫度差與時間之關係。(b)圖則表示(a)之溫度變化下，穩定傳熱與不穩定傳熱之情形。由(b)圖可以看出，在不考慮熱容量的情況下，其傳透熱量之變動與室內外之溫度差成比例（虛線表示），此即所謂穩定傳熱。當考慮熱容量之影響時（實線表示），其傳透熱量由於壁體之熱容量分擔持有，所以顯著降低；而其傳導時間更是發生延遲之現象（文獻 C02）。此種傳透熱變動與壁體內外溫度差之間不成線性比例關係者，稱之為不穩定傳熱。不穩定傳熱之計算因需考慮熱容量之影響，而外氣溫又隨時間而改變，因此計算上非常之複雜，故在此對於不穩定傳熱之計算不多加介紹。

圖 4-4.7 穩定傳熱與不穩定傳熱 （文獻 C14）

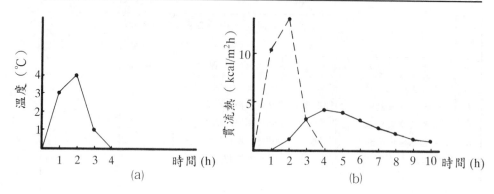

(a)　　　　　　　　(b)

4–5 室溫之變動

建築物內部之氣候與外部不同，其影響之因素可如下：

1.受**外部溫濕度**之影響而產生室內溫濕度變化。外部氣象之變化為室內氣候變化之根源。

2.**換氣**產生之變化。在換氣之影響中，由於自然通風與強制換氣之不同，室內溫濕狀況仍受其影響。

3.**機械設備**之影響。如空調設備、照明設備等。

4.**日射**之影響。

5.**風之強弱**影響。風之強弱與通風換氣有關，亦與建築之散熱有關。

另外，不同之建築物雖在同一塊之基地，也會因其他條件之不同，而導致室內氣候有所不同。各種建築構造之室內溫濕度經實測可知南側與北側室間之溫度差，白晝時常有 5～6℃ 之差左右，而北側室間氣溫之上升較為遲緩，日射只對南側室間有影響。此外，依**建築物構造**之不同，室內氣候亦會有所差異；譬如木造薄牆其熱容量小，而磚造厚牆熱容量大，**熱容量較小**之建築，室內溫度依內外熱量之供給而急

劇上升；依熱源之斷絕而急劇下降，**溫度振幅較大**，時間之追隨性也較高；相反地，熱容量大之建築物其溫度上升緩慢，下降也較緩慢，溫度振幅亦較小。

4-5.1　室溫變動率

室溫變動率之表示如下：

$$\delta = \frac{q}{Q} \quad\cdots\cdots\cdots\cdots\cdots\cdots\cdots\cdots\cdots\cdots\cdots\cdots\text{式 4-5.1}$$

$$q = \sum UF + nCV \quad (\text{kcal/hr}^\circ\text{C}) \cdots\cdots\cdots\cdots\cdots\cdots\text{式 4-5.2}$$

$$Q = \sum c\rho d\frac{F}{2} + CV \quad (\text{kcal/hr}^\circ\text{C}) \cdots\cdots\cdots\cdots\cdots\text{式 4-5.3}$$

式中：　Q：室溫每上升1℃所需熱量，即室內空氣及周壁所儲存之熱量

　　　　q：室內外溫度每差1℃，由周壁所損失之熱傳透量及因換氣所損失之熱量

　　　　U：周壁之熱傳透係數

　　　　V：室容積（m^3）

　　　　F：周壁之面積（m^2）

　　　　c：周壁之比熱

　　　　n：換氣次數

　　　　ρ：周壁之密度（kg/m^3）

　　　　C：空氣每立方公尺之熱容量（$kcal/m^3 \cdot \text{℃}$）

　　　　d：壁厚（m）

建築設計中，希望建築物室內之環境，不會因其他因素之改變而急遽改變，也就是建築物之室溫變動率不致太大，一般而言，建築物之室溫變動率在 $\delta = 0.05 \sim 0.06$ 左右者，冷暖氣設備始產生較佳之效果。

4-6 斷熱計劃

不論室內是否有冷暖氣設備，若在建築構造計劃上能考慮斷熱構造，則室內之溫度損失或外氣溫之透入均可獲得改善，室內環境可因而得以隨之改善。斷熱計劃亦即所謂防寒防暑計劃。為室內氣候調節工作之一種，可稱為自然調溫。斷熱計劃通常包含了三大項目，即**保溫、防熱**及**減濕**，一個良好的斷熱計劃需要這三方面良好的配合。

4-6.1 建築保溫

1.建築保溫綜合處理之基本原則

在嚴寒地區，建築必須有足夠之保溫性能。即使像臺灣處在亞熱帶地區，有時冬季也非常之冷，這些地區的建築物同樣需要考慮保溫。為了從各方面綜合處理建築的保溫問題，必須充分利用有利因素，克服不利因素，其中，應注意下列一些基本原則：

⑴**充分利用太陽能** 日照不但是室內所必須的，對建築保溫也有重要之意義。冬季晴天時，若能充分利用太陽能，可降低機械設備的耗能，又可避免室內氣溫過低，達到舒適環境之要求。實際上，建築設計時，考慮建築物朝向熱傳性質與鄰棟間距，可有助於日照的充分利用。

⑵**防止冷風的不利影響** 夏天時，適當的通風量有助於熱交換而使室內氣溫降低達到舒適要求。但在冬天室內暖房時，冷風的滲透量愈大，室溫下降愈多，外表面散熱愈多，室內熱損失就愈多。就保溫而言，房屋的氣密性愈高，則熱損失愈少，從而可在節能基礎上保持室溫。因此，保溫設計時，應避免冬季季風貫入之方向開窗，若不能避免時，則應盡量減少其開窗面積並增加其氣密性。

⑶**選擇合理的建築形式** 一般來說，外表面面積愈大，熱損失愈

多，不規則的構造轉接處，往往是保溫處理的弱點，在選擇合理的建築形式時應多加注意。

(4)**使室間具有良好的熱特性** 室間的熱特性應適合其使用性質，例如全天使用的室間應有較大的熱穩定性，以避免室外溫度的上升或下降時，室內溫度變動太大。其他只有特定一段時間使用之室間（如教堂、講廳）要求在機械設備啟動後，能較快速地達到要求的標準。

2.保溫設計

(1)**絕熱材料** 所謂絕熱材料，是指那些絕熱性能比較高，也就是導熱係數比較小的材料。一般是把導熱係數小於 0.3（文獻 C34），並能用於絕熱工程者，稱之為絕熱材料。習慣上把用於控制室內熱量外流者，稱之為保溫材料；用於防止室外熱量進入室內者，稱之為隔熱材料。建築上使用的材料種類很多，導熱係數的變化範圍很大，都有一定的絕熱作用，但不都為絕熱材料。

影響材料導熱係數的因素很多，例如：密度、厚度、形狀、材料的濕度及材料的化學溫度和工作溫度等。在常溫下，影響最大者為密度與濕度。

a.密度：密度愈大，導熱係數愈大；密度愈小，導熱係數愈小。

b.濕度：材料受潮後，其導熱係數會顯著增大。

(2)**保溫材料的選擇** 為了正確選擇保溫材料，除首先需考慮其熱物理性能外，還應了解其材料的強度、耐久性、耐火及耐侵蝕性等，是否滿足要求。一般來說，無機材料耐久性好，耐化學侵蝕性強，也能耐較高的溫、濕作用。有機材料則相對差了一些。多孔材料因為比重較小，導熱係數也小，應用最廣。此外，材料的選擇要結合建築物的使用性質、構造方式、經濟性等，按材料的熱物理性能及材料的強度、耐久性、耐火及耐侵蝕性等，進行分析。

3.保溫構造

根據地方氣候特點及空間使用性質的不同，欲達到室內氣候的舒

適要求，可能採取的保溫構造是多樣化的。保溫構造大致可分為下列
幾類：

　　⑴**單設保溫層**　指單獨使用一種斷熱材作為保溫層。

　　⑵**空氣保溫層**　指利用構造中留設的空氣層達到保溫效果。

　　⑶**保溫材料承重構造**　如空心磚牆，兼具保溫及承重的功能。

　　⑷**混合型構造**　當單獨使用一種保溫構造無法達到要求，或是經
濟上、工程技術合理性上考量，有時採用混合型保溫構造。例如，雙
層壁構造。混合型構造比較複雜，但絕熱性能好，在恆溫室等要求較
高的房間，是經常採用的。

　　保溫層在承重層的室內側稱為**內保溫**，在室外側稱為**外保溫**。相
對來說，外保溫較內保溫使結構部分受到保護，減低溫度應力的起伏，
提高結構耐久性；並減少對防水層的破壞。而對於非長時間使用的空
間，如教堂、體育館，為避免預熱時間過長，採用內保溫較為合理。

4–6.2　建築減濕

　　結構的濕狀況與其熱狀況及結構耐久性有關。材料受潮後，導熱
係數將增大，保溫能力就降低。有關詳細的處理，在下一章會加以詳
細說明。

4–6.3　建築防熱計劃

　　建築其中一個基本的功能，是防禦自然界各種氣候因素的作用，
使人們的生活及生產活動能有一個舒適的室內氣候環境，因此，建築
必須能夠適應氣候的特點。構成室外熱環境的主要氣候因素如太陽輻
射、溫度、濕度及風等，這些因素通過房屋的防護結構，直接影響室
內的氣候條件。建築隔熱設計的任務就在於掌握室外熱環境各主要氣
候因素的變化規律及其特徵，做綜合考慮，以便從規劃到設計採取綜
合措施以獲得適當的室內氣候條件，可以保證生產能力、便捷生活、

有利健康的環境。其中有關自然界各種氣候因素在前面章節已做過詳細介紹，在此不再加以重複贅述。以下僅就室內過熱的原因及其防熱途徑加以介紹。

1.室內過熱的原因

　　室內氣候條件的變化直接影響室內氣候條件，建築物的方位不佳，或是開窗面積及比例位置不佳，及室內產生大量的熱量等，都有可能造成室內過熱。

圖 4-6.1　室內過熱的原因

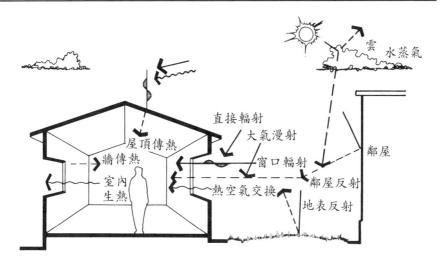

2.防熱的途徑

　　建築防熱的主要任務，就是改善熱環境，減弱室外熱作用，減少室外熱量傳入並使室內的熱量能夠很快地發散出去。一般來說，建築防熱希望以自然的手法，利用自然原理，誘導自然現象，充分利用有利的氣候因素而防止不利的氣候因素，以便創造良好的室內氣候條件。其內容概括如下：

　　⑴敷地計劃階段　配合基地的地理及氣候條件，正確地選擇房屋

的朝向及配置計劃，有效運用微氣候，防止日晒。同時對於建築之外的戶外空間，適當地利用植栽以降低環境輻射及氣溫，並對熱風起冷卻作用。此外對於建築物外部材料的選用上，可盡量選用淺色系之顏色作為反射性外表以減少對太陽輻射的吸收，而外牆的形式也可採用透空或低矮的圍牆，來增加基地的通風性能。以上種種措施，在敷地計劃階段有助於室外熱作用的減弱。

(2)平面計劃階段　此階段可概括成建築物造型及方位與室內空間二部份，內容分述如下：

a.建築物造型及方位：建築物的形態上可採用透風能力較佳的形式（如干欄建築）來增加建築物的通風散熱能力。建築物的配置避免過於整齊，可錯開排列或將建築物的方位與長年風向成一些偏離角，使每一棟建築物的受風機會增加；建築物的方位朝向與當地的長年風向對通風性能有絕對性的影響，在臺灣地區夏季中午14時左右，西南季風在本島西部地區並不突出，主要風向完全由海面吹來，因此夏季白天吹西風（海風）的現象非常明顯。然而建築物的西面正是日射得熱最多的方向。此種太陽得熱與通風方向均從西面而來的矛盾情形有以下幾個特點：

①東西向房間，風及太陽熱輻射同時進入，難有適當的組合，應極力避免之。

②南北向房間利用有利的西風較困難，但對太陽熱輻射防護極佳。

③南北向房間可藉由戶外隔牆的安排，使風能轉向吹入室內，並能有效阻擋太陽熱輻射。

④建築物之形狀與配置方位，影響到建築物的受熱情形，以臺灣地區而言，房屋的朝向以南北向最為有利，而東西向或屋頂開天窗的建築物得熱最多，圖4-6.2係以日射量的多寡為排列次序之建築物朝向優先次序。

圖 4-6.2　臺灣地區建築物方位之優先順序示意圖（以日射期之日射量多寡為依據）　（文獻 C18）

最佳順位：南—北軸向
N
S
第二順位：北北東—南南西
北北西—南南東
軸向
NNE
NNW
SSW
SSE
第三順位：西北—東南
東北—西南
軸向
NW
NE
SE
SW
第四順位：東北東—西南西
西北西—東南東
軸向
WNW
ENE
ESE
WSW
第五順位：東—西軸向
W
E
最差順位：水平面
Horizontal

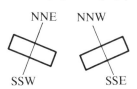

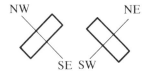

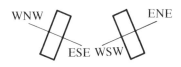

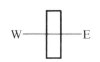

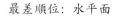

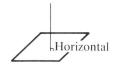

b.室內空間：為確保室內通風性能，平面上有幾個原則可運用：

①簡單形式且深度淺為原則：所謂「簡單形式」即橫向剖面只有一個房間的形式，所謂「深度」即兩相對牆的間距。避免過於深長的空間或過於複雜的隔間形式可以獲得較有效率的穿越性通風。

②開放空間——即減少不必要的隔間牆，如此可避免對室內氣流的阻礙。

③活動隔牆——室內隔間牆可變處理，如日本和室紙門，可以機動調整通風、防風及私密性等需求。

④垂直向的流通空間——挑空、夾層、樓梯間等垂直的流通空間有利於重力通風的生成。

　　一般來說，住宅等規模較小之建築物內部空間的佈局，對建築物之熱性能及舒適度的影響甚大，平面上有幾個觀念可運用：

①緩衝觀念——如走廊、樓梯間、機械室、儲藏室、浴廁、玄關及車庫等服務性空間，因其對室溫、照明的要求性不高，可盡量配置在熱負荷最不利的方位（如東西兩側），或是採光最不利的位置，作為室內生活空間之緩衝空間。

②彈性空間——活動空間所營造的彈性空間，可依使用需求、季節及日夜之不同變化做適當合理的配置。

　　概言之，適用於臺灣地區溫濕熱氣候地區的住宅設計，在熱環境方面，平面佈局原則如下：（文獻 C18）

①廚房因為內部產生熱大，可置於北面。

②浴廁須考慮衛生及除濕條件，東面或西面因為可提供最強的日射及採光，為理想的位置。

③起居室、臥室等生活空間置於南面，有利於夏季通風，冬季保暖及防風。

④儲藏室等服務空間，因對自然採光之要求性不高，可置於內部。

⑤整體性的佈局應注意到能使每間居室均有兩面開窗的可能，以獲得良好的通風及換氣效果。

　　(3)外殼計劃階段　外殼計劃階段包括的事項項目非常繁雜，從屋頂構造、外牆構造到地板構造等都有相關，其中各相關注意事項在之前的保溫計劃及之後的防濕計劃都有詳細介紹，以下僅就材料、開口部及遮陽措施上做一概略性說明。

　　在外殼計劃階段要對屋頂及外牆等壁體進行隔熱處理，以減少傳進室內的熱量和降低外殼的內表面溫度，因而要合理地選擇外殼結構

材料及構造形式，最理想的是白天隔熱好而夜間散熱又快的構造方式；在濕熱氣候地區，開口部對建築物的熱負荷影響最大，然而建築物的通風亦仰仗開口部，使得開口部大小之決定存在有矛盾性，但其中亦有些準則可依循，如在東西向應盡量避免開口，或加裝遮陽設施，以減少開口部之日射得熱。

　　此外，開口部可視當地氣候及環境條件或是建築物之使用別而定，例如日射強的地區應以得熱控制為重（即開口部較小），季風穩定、強勁地區則應以通風為重，又如必須使用空調設備的建築物（旅館、辦公大樓），開口部應減少以降低得熱，而住宅等小型建築物，開口部可增加以爭取採光及通風效果；遮陽的作用主要是阻擋太陽光線的直接射入，減少對人體的輻射，防止室內牆面、地面和傢俱表面被曬而導致室溫上升。遮陽的形式及種類是多樣化的，或利用植栽綠化、或結合建築構件處理（如出簷、雨棚、外廊等），或採用臨時性的布篷及活動的金屬百葉等都是常見且有效的遮陽措施。

　　建築物的防熱設計要綜合處理，但其主要的是屋頂、東西牆的隔熱、開口部及遮陽處理和室間的自然通風。只強調自然通風而沒有必要的隔熱措施，則屋頂和外牆的內表面溫度過高，對人體產生強烈的熱輻射，就無法很好地解決過熱現象。反之，只注重外殼構造的隔熱，而忽視良好的自然通風，也不能解決因氣溫過高、濕度大而影響人體散熱和幫助室內散熱的問題。所以在防熱措施中，隔熱和自然通風是相同重要的，此外開口部之遮陽處理及環境植栽綠化上亦須一起做綜合考量。

圖4-6.3 防熱的途徑

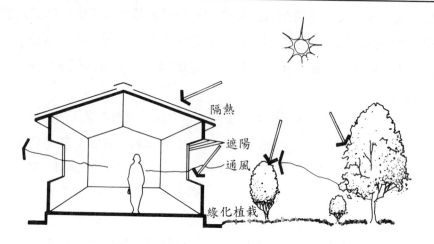

隔熱

遮陽

通風

綠化植栽

關 鍵 詞

4–2 熱傳導、熱對流、熱輻射

4–3 熱傳導、熱傳遞、熱傳透、穩定傳熱、不穩定傳熱、熱容量

4–4 氣膜熱阻、熱傳導係數

4–5 室溫變動率

4–6 絕熱材料、保溫材料

習　題

1. 建築傳熱過程中包括哪幾個基本過程？幾種傳熱方式？分別簡述其要點。

2. 為什麼空氣層的熱阻與其厚度不是成正比關係？怎樣可提高空氣層之熱阻？

3. 建築保溫綜合處理之基本原則為何？並說明保溫設計的實用手法。

4. 試說明在敷地計劃階段如何能夠減低室內過熱的可能性。

5. 試說明在平面計劃階段如何能夠減低室內過熱的可能性。

6. 試說明為確保室內通風性能，室內空間平面上的幾個運用原則。

第五章 濕氣

5-1　概說

結構的濕狀況與其熱狀況及結構耐久性有關。材料受潮後，導熱係數將增大，保溫能力就降低。濕度過高，會明顯降低材料的機械強度，產生破壞性變形，有機材料材質會遭致腐朽，而降低其使用之耐久性。除此之外，室間的濕度過高，將對長時間在其內活動的人體，健康上產生不良的影響；而對其內運轉的機械，運轉的經濟性、效率性亦有所影響。由此可見，濕氣在建築物室內氣候影響程度之大，故對此不可掉以輕心而等閒視之。

5-2　濕與露的發生

5-2.1　濕度及相對濕度

用以表示空氣中所含有水蒸氣量的大小稱為濕度，常見的表示方法有二種，一種為**絕對濕度**，一種為**相對濕度**。

絕對濕度（Absolute humidity）的表示方法亦有二種，含有濕氣之空氣單位體積中所含有的水蒸氣重量稱為**容積絕對濕度**(g/m^3)。然而空氣之密度依溫度之改變而變動，所以用容積為單位時有許多的不便，通常氣象學上用容積絕對濕度之定義。含有濕氣之空氣其單位重量與水重量之比，稱為**比濕**（Specific humidity）(g/kg)，若以乾燥空氣之重量對含有水分空氣重量之比稱為**重量絕對濕度**(g/kg, kg/kg)，比濕與重量絕對濕度通常用於工學上，如設備工程中之冷暖氣、熱力學等。

絕對濕度的大小，尚不能斷定空氣之濕潤或乾燥與否，因為同樣數量的空氣，若溫度高則可以含較多的水蒸氣。如果我們要表示空氣

的濕潤或乾燥程度，就必須以相對濕度來表示，**相對濕度**（Relative humidity）即 1m³ 之空氣中所含水蒸氣量與同溫度之同空氣所含飽和水蒸氣量之比。

一天之中濕度的變化有一定的傾向，通常一天之內空氣中的水蒸氣量亦即絕對濕度不會有太大變化。至於相對濕度則與氣溫變化成相反傾向，通常在氣溫最低的清晨時相對濕度昇至最高，在最高溫的午後 2 ~ 3時左右相對濕度降至最低。

5-2.2　露點溫度及結露

所以**飽和絕對濕度**是指 1kg 的乾空氣中所含有之最大水蒸氣量，其含量會隨溫度改變而變化，若當溫度降低時，其飽和水蒸氣分壓將會隨之變小。因此，若將未飽和空氣冷卻，其相對濕度將會漸漸增大，而達飽和之狀態，此時之溫度稱之為此空氣之**露點溫度**。若持續的繼續降溫，則空氣中的水蒸氣，將有部分會凝結成水滴而釋出，此現象稱之為**結露**。此外當濕空氣接觸到露點溫度以下的物體時，物體表面甚至於內部亦會發生結露之現象。

5-2.3　表面結露與內部結露

建築結構中由於結露而受潮的情況可分為兩種，即**表面結露**與**內部結露**。所謂**表面結露**，是指外表面上出現凝結水，其原因是由於高溫的濕空氣遇到冷的表面所致；而**內部結露**則是當水蒸氣通過材料時，遇到材料內部某個冷域溫度達到或低於露點溫度時，水蒸氣即凝結而形成凝結水。

5-3　濕氣的移動

當材料內部存有壓力差、濕度差（材料含濕量）和溫度差時，均

能夠使材料內部的水分從高勢位面向低勢位面產生遷移。材料內的水分，可以以三種形態存在：**氣態**、**液態**和**固態**。而在材料內部能產生遷移的只有兩種相態，一種是以**氣態擴散**方式（水蒸氣滲透）遷移，另一種是以液態水分的**毛細滲透**方式遷移。

5-3.1 材料的吸、放濕與透濕

巨觀來看，把一塊乾的材料置放於濕空氣中，材料會逐步吸收空氣中的水蒸氣而變潮，這種現象稱為材料的**吸濕**。相反地，若是將吸著有水蒸氣的材料表面，置放於相當乾燥的空氣中，則其吸著之水蒸氣自表面返回空氣中，此時材料內部之水蒸氣向表面移動，這種現象稱為材料的**放濕**。微觀來看，當材料所接觸空氣的水蒸氣壓一面高一面低時，則較高面吸濕，較低面放濕。而水蒸氣由一面空氣至另一面空氣的現象稱為**透濕**。建築材料特別是壁面裝修材料，不僅須了解其含濕率亦應了解其吸、放濕及透濕速度。如此，若是當室內濕度有劇烈變化時，可依壁面（藉由材料的吸、放濕與透濕）的調濕作用，使之變化緩和而不致太過劇烈。各種材料及壁體之透濕特性如表 5–3.1，中空層，即空氣層之透濕特性如表 5–3.2。

表 5-3.1　各種材料之透濕係數及透濕抵抗　（文獻 C01）

材料名稱	說　　明	厚 (mm)	透濕係數 (g/m²hmmHg)	透濕抵抗 (m²hmmHg/g)	提出者
木材	Spurce	12.7	0.051	19.60	Babbitt
	Pine	12.7	0.047	21.28	Babbitt
	Sugar Pine	6.4	0.047~0.53	21.28~1.89	Joy & Queer
	Scot Pine	25.4	0.289	3.46	Martley
	美松板紋	6.0	0.590	1.70	齊藤
	美松直木紋	6.0	0.710	1.40	齊藤
	切口	6.0	3.570	0.28	齊藤
	櫸木板紋	6.0	0.790	1.26	齊藤
	直木紋	6.0	0.640	1.57	齊藤
	切口	6.0	2.700	0.37	齊藤

表5-3.1　各種材料之透濕係數及透濕抵抗（續一）　　（文獻 C01）

材料名稱	說　明	厚 (mm)	透濕係數 (g/m²hmmHg)	透濕抵抗 (m²hmmHg/g)	提出者
木材	Pine	12.9	0.087～0.090	11.5～11.1	Babbitt
	Pine 面漆鋁漆 1 道	12.9	0.046～0.052	21.7～19.2	Babbitt
	Pine 面漆鋁漆 2 道	12.9	0.012～0.026	83.3～38.5	Babbitt
	Pine 面漆鋁漆 3 道	12.9	0.010～0.021	100.0～47.6	Babbitt & Wray
	Yellow Pine	12.9	0.024	47.70	Van
	Yellow Pine （表面鋁漆 1 道）	6.4	0.017	58.80	Vorst
紙	硫酸紙	0.06	2.090	0.48	齊藤
	桐油紙	0.14	2.630	0.38	齊藤
	吸墨紙	0.5	0.370	2.70	宮部
玻璃紙	Cellophane	0.1	0.32～0.52	3.13～1.92	宮部
	Cellophane	0.025	0.450	2.22	武田
	普通品		7.7～9.4	0.130～0.106	齊藤
	防濕用		0.048	20.83	齊藤
石棉板		3.0	0.410	2.44	齊藤
		6.0	0.340	2.94	齊藤
石膏灰板 (Plaster Board)		6.0	0.43～0.58	2.32～1.72	齊藤
		8.0	0.370	2.70	齊藤
		9.5	0.480	2.08	齊藤
		9.5	0.940	1.60	Babbitt
		9.5	1.370	0.73	ASHRAE
木纖維板		12.0	0.220	4.55	宮部
		12.7	0.817	1.22	Babbitt
		25.4	0.499	2.00	Babbitt
	斷熱用	12.7	1.37～2.47	0.73～0.40	ASHRAE
軟木板		10.0	0.078	12.80	宮部
		25.0	0.064～0.073	15.6～13.7	Babbitt
岩棉	200kg/m³	25～50	2.61～1.32	0.38～0.76	齊藤
	300kg/m³	25～50	2.84～1.24	0.35～0.81	齊藤
		25.4	0.697	1.43	Barre
鋸木屑		51.0	0.862	1.16	Barre
	132～176kg/m³	100.0	0.57～0.49	1.75～2.04	齊藤
混凝土	1:2:4	100.0	0.0223	44.84	ASHRAE
		38.0	0.045	22.22	Barre
灰漿	1:4	21.0	0.235	4.25	前田, 松本
		20.0	0.350	2.86	Sckack
		10.0	0.613	1.63	齊藤
	1:3	10.0	0.330	2.5	齊藤
	1:2	10.0	0.158	6.33	齊藤

表5-3.1 各種材料之透濕係數及透濕抵抗（續二） （文獻 C01）

材料名稱	說　明	厚 (mm)	透濕係數 (g/m²hmmHg)	透濕抵抗 (m²hmmHg/g)	提出者
混凝土空心磚	空心洞 3 個	203.0	0.052~0.066	19.23~15.15	Queer
	輕質	200.0	0.0184	54.35	齊藤
	重質	200.0	0.0174	57.47	齊藤
紅磚牆		100.0	0.030	33.33	Barre & Miller
		100.0	0.022	45.45	ASHRAE
漆料膜	磁漆 2 道	—	0.012~0.023	83.3~43.5	Joy & Queer
	PVC 系漆 2 道	—	0.09~0.08	11~13	齊藤
	鉛白亞麻仁油 3 道	—	0.008~0.027	125~37.0	ASHRAE
膠合板（三夾板）	Douglass Fir	12.7	0.073~0.092	13.7~10.9	Teesdale
		6.4	0.118~0.177	8.47~5.61	Teesdale
膠合板	Cinae 級木	6.0	0.210	4.76	宮部
	柳安	2.8	0.540	1.89	前田，松本
	普通品	3.0	1.270	0.79	齊藤
	耐水	6.0	0.610	1.64	齊藤
	耐水	3.0	1.080	0.93	齊藤
	外裝修用美松	6.4	0.020	50.00	ASHRAE
	外裝修用美松	6.4	0.051	19.60	ASHRAE
	面漆瀝青漆 2 道	6.4	0.012	83.30	Teesdale
	面漆鋁漆 2 道	6.4	0.036	27.80	Teesdale

表5-3.2 空氣層之透濕係數 （文獻 J03）

	測定條件	厚度 (mm)	透濕係數 (g/m²hmmHg)	透濕抵抗 (m²hmmHg/g)
氣密空氣層	0℃	10	7.5	0.133
	10~20℃	10	8.2~9.1	0.122~0.110
	0℃	20<	3.75	0.267
	10~20℃	20<	4.10~4.55	0.244~0.220
	水平濕氣	32	0.55	1.83
	水平濕氣	92.2	0.956	1.046
	下向濕氣	92.2	3.39	1.110
	上向濕氣	144.8		0.295

5-4　防濕、防露計劃

防濕、防露計劃一般來說可依以下三個方法進行控制：一為**保溫計劃**，控制材料溫度，使其溫度避免降至露點溫度。一為**減濕計劃**，避免水蒸氣侵入，及儘可能對室內發生之水蒸氣加以排除。另一為**隔熱計劃**，使得熱交換途徑集中，避免隔熱不良，導致其表面溫度降低而產生結露現象。有關保溫計劃在上一章節著墨甚多，在此不再加以贅述，以下僅就第二、三部份，加以介紹。

5-4.1　減濕計劃

1.表面結露

所謂表面結露，是指外表面上出現凝結水，其原因是由於高溫的濕空氣遇到冷的表面所致。要想有效地控制表面結露，最為有效的措施即是設法將屋內之水蒸氣帶走，一般來說，**增加通風能力**可適度達到目的（增加通風的手法，可詳見第三章），如果自然通風能力不足時，必要時，可採用**機械設備**。

2.內部結露

所謂內部結露是當水蒸氣滲入材料時，遇到材料內部某個冷域溫度達到或低於露點溫度時，水蒸氣即凝結而形成凝結水。要想有效控制內部結露可從以下方向著手：

(1)**材料層排列順序**　結構材料通常複合而非單獨使用，相異的材料其導熱係數、透濕性會有所不同，而不同的排列順序，所產生結構的濕性能亦會有所不同，因此，若適當的考慮其排列的順序，可降低內部結露的可能性。而其材料排列的順序，應盡量在水蒸氣的通路上做到「易出難進」，一方面避免水蒸氣侵入材料內部產生凝結，另一方面又可將凝結水加以排除。

在實際建築中，單靠材料層排列順序往往無法完全達到上述「易出難進」的要求，故為避免產生內部結露的情形則通常採取兩種措施：一為增設隔氣層，增加隔氣能力，減少進入材料內部的水蒸氣；另一為在磚牆上設置泄氣溝道，使水蒸氣容易排出。

(2)設置隔氣層　採用隔氣層控制內部冷凝是目前應用最普遍的方法，其必須注意隔氣層應設置在蒸氣流入的一側。

(3)設置通風間層或泄氣溝道　設置隔氣層雖能改善內部結露的情形，但並不是最妥善的方法，因為隔氣層的隔氣效果在施工和使用過程中不易保證，而且也會影響建築物的乾燥速度。因此設置通風間層或泄氣溝道的方法最為有效。因為藉由設置通風間層或泄氣溝道能使進入保溫層的水分有個出路，此外亦可使從室內滲入的蒸氣藉由與室外空氣交換氣流，對保溫層起風乾作用。

5-4.2　熱橋部位設計要點

所謂熱橋係指傳熱過程中，某一部位因材料構造上或是材料使用上的不同，造成其熱傳透抵抗性較小，而使熱經由此途徑交換損失（如圖 5-4.1所示），此種部位即稱之**熱橋**。因此，熱橋的特點是由相對比較才能表現出來的。在熱橋部位，由於熱損失會造成表面溫度降低而產生結露。以下就經常產生熱橋現象的部位逐一討論。

圖 5-4.1　熱橋處之熱性能　　(a)外保溫暖熱橋　　(b)內保溫冷熱橋　（文獻 C34）

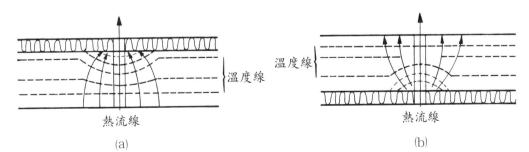

温度線　熱流線
(a)

温度線　熱流線
(b)

5-4.3　窗戶保溫

　　窗戶的保溫與其形式、構造、大小等和很多因素有關，因此，若是僅就某單一方面的需要考量，而做出某種結論並不恰當。以下僅就建築保溫一方面的考量，提出一些基本要求。

　　窗戶保溫性能低的原因，主要是**縫隙透氣（氣密性不夠）**以及玻璃、窗框和窗樘等的熱阻太小。為了提高窗戶的保溫性能，各國都注意新材料（玻璃、填縫密封材）、新構造的研究。一般來說，可從以下幾個方面來改善窗的保溫性能。

1.提高氣密性，減少冷風滲透

　　除了固定窗外，一般窗戶均有縫隙，特別是材質不佳，施工不良時，縫隙更大。一般提高氣密性的處理方法，大致可分為兩類，一是使用填縫材料將縫隙填滿，切斷其傳動路徑；另一則是利用其斷面上一些緩衝空間，利用等壓原理，而將其滲透的動力減低。

　　必須提醒的是，氣密性並非愈高愈好。在之前的章節中，已指出過過高的氣密性而無調適，對人體健康有一定的影響。

2.提高窗框保溫性能

　　金屬窗框材料已逐漸取代過去的木質窗框材料，由於金屬的導熱係數相當的高，故在窗戶熱損失中，其占有相當大的比例，應採取適當的措施。

　　將薄壁實心材改為空心材內部形成中空層；採用塑膠構件；及將窗框與牆壁間的縫隙採用保溫材料或是泡沫塑料加以填充，都是可以提高窗框保溫效果的有效方法。

3.改善玻璃部分的保溫能力

　　增加窗扇層數可以提高窗戶的保溫能力，因為兩窗扇之間的空隙所形成的空氣層，可以發揮一些保溫的效果。

圖5-4.2　金屬窗框氣密性填縫處理實例

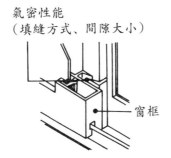

氣密性能
（填縫方式、間隙大小）

窗框

圖5-4.3　木窗氣密性填縫處理實例　　（文獻C34）

密封墊

減壓槽

5-4.4　外牆角、外牆與內牆交角、樓地板或屋頂與外牆交角部位保溫

　　由於傢俱、設備的遮擋及轉角部位的關係，使得牆角處氣流不夠順暢，單位面積得到的熱量比起其他主體部分者為少，加以牆角外的散熱面積大於吸熱面積，而使得這些部位與牆的主體部分相比，就單位面積而言，吸收熱量少而散失的熱量多，這樣的結果所造成的當然是牆角處溫度比主體部分低，往往產生結露。在這些部位的隔熱處理，必須特別加以注意。如圖5-4.4所示為各交接部位之保溫處理實例。

圖5-4.4　各交接部位之保溫處理實例　（文獻 C34、C01）

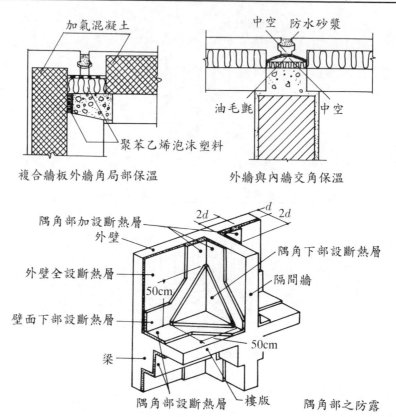

複合牆板外牆角局部保溫

外牆與內牆交角保溫

隔角部之防露

關　鍵　詞

5-2　絕對濕度、相對濕度、露點溫度、飽和絕對濕度、結露、表面結
　　露、內部結露

5-3　吸濕、放濕、透濕

5-4　熱橋

習　題

1.試說明結露的原因及結露的種類。

2.試說明防濕及防露的控制方法為何?

3.針對表面結露有何方法可加以適當的控制?

4.針對內部結露有何方法可加以適當的控制?

5.何謂熱橋? 哪些部位是我們常見的熱橋位置? 其造成的原因為何?

6.針對熱橋部位, 怎樣可以適當控制其結露之現象?

第六章　日照與日射

6-1　概說

　　日照對建築熱環境的影響十分重大。冬季時，室內適當的引進日照，能提高室內溫度，有取暖的作用，夏季時，過強的日照容易造成室溫過熱，而對人體產生不利之影響。因此，如何利用日照有利的一面，控制與防止日照的不利影響是建築設計中應注意的事項。從建築戶外環境如鄰棟間距、景觀設計及植栽計劃到建築物室內的冷暖寒暑等居住舒適性都與日照條件有密切的關係。

6-2　天球

　　實際太陽系中所有星球均環繞太陽而運動之，而吾人立於地球上隨地球運動而不覺，如按實際情形來考慮日照時則頗多困惑，由是假想太陽系係以地球為中心之球體，此球體稱為天球（Celestial sphere），則太陽即在此球面上按一定之軌道環繞地球運轉之，吾人立於以地球為中心之一點上（此點稱為觀測點）而觀之。依此假想可求得太陽之位置，此假想即稱為**視運動**，而前實際情形稱為**真運動**（文獻 C01）。

6-2.1　視運動

　　如圖 6-2.1 所示，圓為天球，O 為地球上任意之觀測點（緯度 ϕ）時，通過 O 點之水平面稱為**地平面**（Horizon），立於 O 點之垂線與天球交於 Z 點稱為**天頂**（Zenith），反對側之交點為 Z' 稱為**天底**（Nadir）。地軸之延長線與天球面之交點，乃天球之兩極（Poles），P 為北極，P' 為南極，在天球上為不動之點，則天體以 PP' 為軸而迴轉之。

　　Q 點之地平面上定 E、W、S、N 四點，與 PP' 成 $90°$ 所成之 QRQ' 為天球之赤道（Equator）。通過 PP' 之圓弧稱為**時圈**（Hour circle）

PP'為起點，每1小時按15度分割天球（太陽每迴轉一周為24小時，

每小時可依 $\dfrac{360°}{24} = 15°$ 表示之）。其中通過 PZP' 弧面之時圈稱為**子午圈**（Meridian）。時圈與太陽通路之交點即為某時刻之太陽位置。

　　天球上一點 L 與通過兩極之 PLP' 弧面與 PZP' 弧面所成之角以 t 表示時稱為**時角**（Hour angle），亦即時角乃太陽在中天時之間隔，以角度表示者，以正午為基準，午後為（＋），午前為（－）。

　　太陽一日間沿垂直地軸之平面與天球面相交之弧線迴轉一周所成之圓，即**太陽路徑**，簡稱之為**日徑**，亦稱為日周圈或赤緯圈，其位置在一年中按時期而不同。春分時與赤道面相一致（此時所偏之角度為 $0°$），移向北側至其偏角最大約 $23°27'$ 時，則為夏至，以後漸次偏角變小，達秋分時為 $0°$，自此處再偏向南側，當最大偏角為 $23°27'$ 時則為冬至，即太陽沿 QOQ' 運動時為春秋分，因此若任意月日自中心對太陽軌道之位置以 δ 表示時，此 δ 稱為日赤緯或赤緯，δ 在 $D \sim F$ 之間變動，春秋分時 $\delta = 0°$，由春分至秋分為 $(+)$，由秋分至春分為 $(-)$，如圖 6–2.1 所示（文獻 C01）。

圖 6–2.1　太陽軌道並極之地平緯度　（文獻 C01）

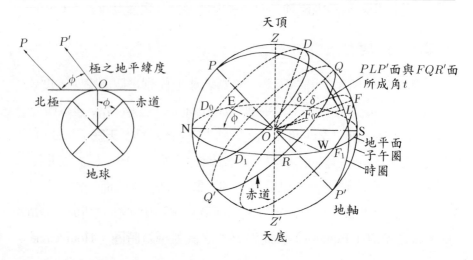

6-3 太陽與地球的相關位置

為了對日照時數、建築朝向、鄰棟間距及遮陽等問題進行設計，首先我們必須先確定太陽與地球的相關位置。太陽位置的高度角和方位角的計算公式如下：

1.太陽高度角 h_s

$$\sin h_s = \sin j \cdot \sin d + \cos j \cdot \cos d \cdot \cos W \cdots\cdots\cdots\cdots\text{式}\mathbf{6\text{-}3.1}$$

2.太陽方位角 A_s

$$\cos A_s = \frac{\sin h_s \cdot \sin j - \sin d}{\cos n_s \cdot \cos j} \cdots\cdots\cdots\cdots\cdots\cdots\cdots\cdots\text{式}\mathbf{6\text{-}3.2}$$

圖 6-3.1 　太陽高度角與方位角 　（文獻 C34）

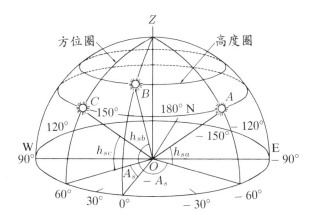

式中： h_s ：太陽高度角（日出日沒為 $0°$ ，正午時為 $90°$ ，負號時為深夜）

　　　 j ：緯度（ ° ）

　　　 d ：日赤緯（ ° ，冬至為 $-23.5°$ ，夏至為 $+23.5°$ ，春

秋分為 0°）

W：時角（°，正午時為 0°，午後每小時 +15°，午前
　　每小時 −15°）

　　由於上述計算公式太過繁雜，一般可依投影所做成的圖表（如圖
6-3.2所示）求得。對某地之太陽位置既經作圖，以後任一月、日之太
陽概略位置均可自圖上查得。

圖6-3.2　太陽位置圖（極投影圖）　　（文獻 C16）

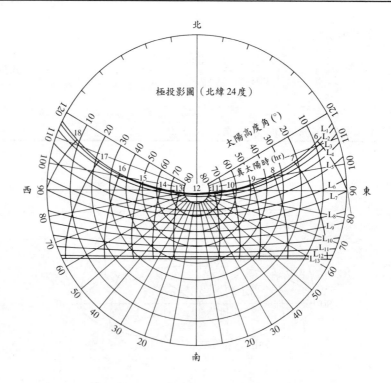

6-4　日照與時數

6-4.1　可照時數

　　無任何障礙物之地點，晴天時自日出至日沒太陽所有照射於地上之時刻數稱為可照時數。氣象學上所稱之可照時數是指 1 日間扣除 $h_s = -34'$ 所相當之時刻間之晝日時數。可照時數可依下列公式求得：

$$\sin \frac{t}{2} = \frac{\sqrt{\sin(90°+r-j+d) \cdot \sin \frac{1}{2}(90°+r-j+d)}}{\cos j \cdot \cos d} \cdots \cdot 式\textbf{6-4.1}$$

　　式中：　t：可照時數

　　　　　　r：大氣曲折之角（濛氣差）$= 34'$

　　氣象常用表中有表查各緯度日照應有時數（如表 6-4.1 所示），無須再計算。

6-4.2　日照時數

　　依日照計所測得的實際日照時刻數稱為日照時數。日照時數會因各地之緯度、地理環境及氣候因素之不同而有所不同。例如，南北極有恆晝、恆夜之現象；晴天較陰雨天的日照時數較長等。

6-4.3　日照率

　　某地之實際日照時數與可照時數的百分比稱為日照率。即：

　　　　日照率 ＝ 日照時數 ÷ 可照時數 ×100%

表6-4.1 臺灣地區 14 個測站日照時間表 (文獻 C15)

地名	項目	1月	2月	3月	4月	5月	6月	7月	8月	9月	10月	11月	12月	平均	統計期間
基隆	日照時數 hr	49.1	51.0	67.5	88.4	100.0	133.5	215.8	209.3	158.4	95.6	58.8	48.3	1276.7	1917~1980
	日照率 %	14.7	16.1	18.2	23.1	24.1	32.4	51.9	52.1	43.2	26.7	18.0	14.7	27.9	
臺北		89.0	78.4	93.1	113.6	135.7	156.9	221.6	219.4	188.3	141.2	105.4	92.6	1635.2	1898~1980
		26.7	24.7	25.7	29.9	33.0	38.4	53.0	54.5	51.5	39.4	32.1	28.3	36.4	
新竹		116.0	95.2	105.0	127.2	160.3	184.3	251.5	237.8	213.1	208.4	157.1	132.2	1988.0	1938~1980
		33.6	29.8	29.7	33.3	38.8	44.8	59.8	59.3	58.0	58.3	48.2	40.2	44.5	
臺中		182.5	156.1	167.8	175.6	197.1	198.3	243.9	229.0	236.7	239.5	203.7	192.1	2422.3	1898~1980
		54.5	48.8	45.1	46.2	48.0	48.8	58.6	57.2	64.4	66.9	62.0	58.2	54.9	
花蓮		74.8	71.6	86.0	106.8	136.9	182.9	255.1	233.7	186.4	130.3	97.0	82.0	1643.5	1911~1980
		22.3	22.4	23.1	28.3	33.3	44.9	61.3	58.4	50.6	36.6	29.5	24.8	36.3	
日月潭		172.4	149.1	141.8	137.6	147.2	136.5	176.1	157.4	152.1	162.3	174.4	175.9	882.0	1942~1980
		51.8	46.5	38.4	35.6	35.9	33.6	41.8	39.2	41.3	45.2	53.0	53.1	42.9	
阿里山		171.4	148.5	152.8	150.3	133.5	117.6	138.3	121.1	122.7	153.9	173.1	176.6	1759.8	1934~1980
		51.1	46.1	40.9	39.6	32.6	29.0	33.5	30.1	33.5	43.1	52.5	54.1	40.5	
嘉義		139.1	122.0	138.9	150.9	145.4	157.6	193.6	171.6	184.0	160.4	138.9	148.7	1351.4	1969~1980
		41.4	38.3	37.3	39.7	35.6	38.8	46.9	43.0	49.0	44.5	42.2	44.9	41.8	
臺南		197.5	183.1	204.2	212.0	234.1	219.1	242.8	223.2	234.9	241.8	207.4	196.1	2596.2	1898~1980
		58.7	57.0	54.9	55.8	57.2	54.1	58.7	55.9	63.9	67.4	62.8	59.0	58.5	
臺東		106.3	97.9	105.2	128.9	162.9	205.2	249.0	224.8	190.6	163.0	130.3	112.0	1876.1	1901~1980
		31.6	30.5	23.6	31.4	39.9	50.8	60.5	56.3	51.8	45.4	39.4	33.7	41.9	
高雄		173.7	173.6	191.7	200.5	219.5	186.9	205.1	185.0	201.3	212.4	180.3	171.9	2306.9	1932~1980
		52.2	53.9	51.2	53.0	53.7	46.3	49.7	46.3	55.0	59.0	54.6	51.5	52.3	
恆春		182.3	131.3	206.6	216.6	230.7	209.2	230.9	204.2	205.2	215.9	188.8	173.5	2445.2	1888~1980
		53.8	56.2	56.1	57.2	56.7	51.6	56.2	51.5	56.1	60.1	57.2	51.6	55.4	
宜蘭		72.8	69.5	85.8	101.5	115.5	147.1	232.9	219.0	167.0	99.1	63.6	64.4	1438.2	1936~1980
		21.9	22.3	23.2	26.7	28.1	36.2	55.8	54.5	45.3	27.7	19.4	20.3	31.8	
大武		103.4	103.2	118.6	138.1	175.4	178.6	227.0	202.5	176.2	156.9	129.8	109.7	1815.4	1942~1980
		30.6	32.2	32.3	36.4	43.0	44.3	54.2	50.8	47.9	43.4	37.4	33.0	40.5	

$\mathbf{6}$–5　日影

6–5.1　桿影

1.桿影日照圖之基本原理與製作

　　如圖 6-5.1 (a)所示，設在地面上 O 點立一任一高度 H 的垂直棒，在已知某時刻之太陽高度角及方位角的情況下，太陽照射棒的頂端 a 在地面上的投影為 a'，桿影的長度為 Oa'，則其關係式如下：

$$H' = H \cdot \cot h_s \cdots\cdots\cdots\cdots\cdots\cdots\cdots\cdots 式6\text{–}5.1$$

$$影的方位角\ A'_s = 太陽的方位角\ A_s + 180° \cdots\cdots 式6\text{–}5.2$$

　　由於建築物高度不同，根據上述之關係式，當 $\cot h_s$ 不變時，則 H' 與 H 成正比。若把 H 作為一個單位高度，則可求得單位影長 H'，當桿長增加至 $2H$ 時，則桿影亦會增長至 $2H'$，如圖 6-5.1 (b)所示。

圖 6-5.1　桿影與太陽的關係　　（文獻 C34）

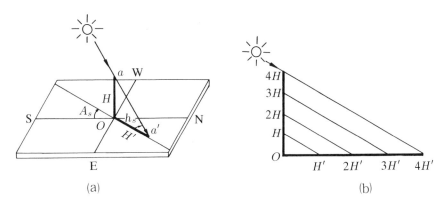

(a)　　　　　　　　　　　　　(b)

2.日影曲線圖

利用上述原理，可求出一天的桿影變化情形。例如，已知春、秋分日之太陽高度角與方位角，則可繪出其桿影軌跡圖，如圖 6–5.2所示，圖中棒的頂點 a 的每一時刻如10、12、14 點的日影為 a'_{10}、a'_{12}、a'_{14}，將這些點逐一連接所得的線稱為日影曲線，圖稱為**日影曲線圖**。

圖 6–5.2　春秋分的日影曲線圖　（文獻 C32）

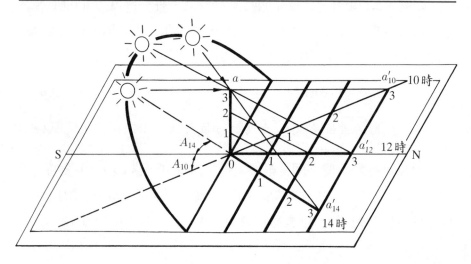

所以日影曲線圖實際包括了以下二個內容：

1.位於觀測點之直立桿在某一時刻影的長度 H'（即 Oa'）與方位角 A'_s。

2.某一時刻之太陽高度角與方位角，可依據同時刻之影的長度與方位角的數據，依下式確定：

$$A_s = A'_s - 180° \quad \cdots\cdots\cdots\cdots\cdots\cdots\cdots\cdots\cdots\cdots\cdots\cdots \text{式}\mathbf{6\text{–}5.3}$$

$$\cot h_s = \frac{Oa'}{H} \quad \cdots\cdots\cdots\cdots\cdots\cdots\cdots\cdots\cdots\cdots\cdots\cdots \text{式}\mathbf{6\text{–}5.4}$$

6-5.2　建築物之陰影

　　依據桿影的原理，同理應用於建築物的陰影上，亦可繪製成圖，如圖 6-5.3所示為建築物之陰影圖，其會隨時節之不同（太陽高度角與方位角不同）而有所不同，此外，它亦會因時間不同而有所改變，為使陰影之較長部分與較短部分分明起見，可連接各時刻投影之交點，而得日影時數曲線，藉由繪製此圖，可更明瞭建築物周圍之日影分布狀況。圖中虛線表示日出及日沒之時間，實線表示陰影之發生時間。如圖 6-5.3所示，日出與日沒所夾之三角形，一日之中均無日照機會，此部分稱為**終日陰影**。實際建築物中平面多有凹凸，依各節必有終日陰影之產生。雖然於太陽高度最高時之夏季，某些建築物之終日陰影部分，仍有永無獲得日照之可能者，此部分稱為**永久影**或**恆久影**。

圖 6-5.3　建築物的陰影　　（文獻 C01）

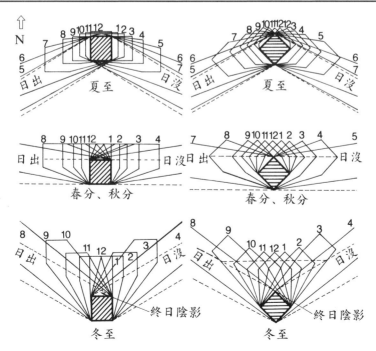

6-5.3　建築上之應用

　　日照對建築之影響頗巨，適當爭取陽光日照機會，有助於人體健康及環境舒適。鄰棟間距的保持及遮陽設計可根據上述日影原理，據以設計之。

1.鄰棟間距

　　實際建築中常有數棟建築並排的情形，為避免前列建築物對後列建築物的日照障礙，確保每棟建築物適當爭取陽光日照機會，以有助於人體健康及環境舒適，對其間日照之阻礙量有一定的限制，亦即限定建築物之間的最短距離，以確保每棟建築物每日所需之最小日照量。此最短距離依建築技術規則第二十三條之規定，建築物在冬至日所造成的日照陰影，應使鄰近基地有一小時以上之有效日照。如圖6-5.4所示，鄰棟間距 D 之計算如式6-5.5 所示。

圖 6-5.4　鄰棟間距

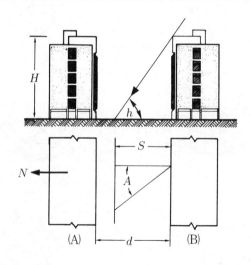

$$D \geq H \cdot \cot h \cdot \cos(A - \alpha) \cdots\cdots\cdots\cdots\cdots\cdots\cdots\text{式 6–5.5}$$

式中：H：建築物高度

h：冬至日太陽高度角

A：冬至日太陽方位角

α：建築物方位偏向角

若建築物座向南北排列時 $\alpha = 0$，建築物南北間之距離以 d 表示，則：

$$d \geq H \cdot \cot h \cdot \cos A \cdots\cdots\cdots\cdots\cdots\cdots\cdots\cdots\cdots\text{式 6–5.6}$$

2.遮陽設計

建築遮陽設計必須在冬天防寒與夏日避暑的條件下找尋最適當的方案，以確保室內環境的舒適度。於室內氣候一章中對吾人所感舒適之範圍已有詳述。日照調節所應考慮之氣溫狀況應以此舒適範圍為基準，範圍內可盡可能的引入日光，而在範圍外（氣溫超過舒適程度之外時），日照即應盡可能的加以排除。為了便於日照調節方法之選擇，可將氣候紀錄按各月各時之溫度將其轉換標入日徑極投影圖內，找出過熱期之範圍（如圖 6–5.5所示）。如此可依據此日徑極投影圖決定遮陽設計應達到之效果範圍。

3.遮陽板種類

遮陽板依與建築物之間內外關係可分為外部遮陽與內部遮陽，外部遮陽為一般所常見；內部遮陽則較為罕見，帷幕牆外裝遮陽已甚為普及。但如一般帷幕牆建築，外部遮陽在施作上有相當困難，相對來說，考慮採用內部遮陽，似乎較為合理。外部遮陽一般可分為下列三種型式：

⑴水平遮陽　南方位置相當有效。

⑵垂直遮陽　對東、西方位的遮陽有效。

圖 6-5.5 極投影圖上所示之過熱期 （文獻 C16）

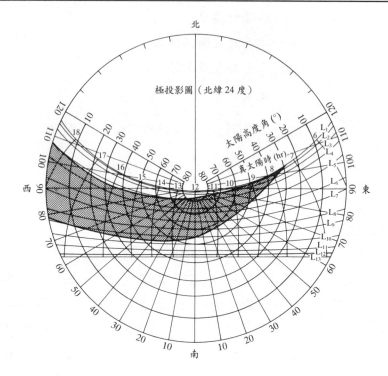

(3)**格子遮陽**　水平與垂直所組成之遮陽裝置，效果較其他二者佳，但造價高。

如圖 6-5.6 所示即為各種常見之遮陽形式。

4.遮陽效果

遮陽效果一般以遮陽板所造成的陰影長度來考量。而陰影面積與開窗面積之比值為遮蔽率。各遮陽形式的遮陽效果計算如下：

(1)**水平遮陽**： $S = d \cdot \sec(A-a) \cdot \tan h$ ················ **式6-5.7**

(2)**垂直遮陽**： $S = d \cdot \tan(A-a)$ ······················ **式6-5.8**

式中： S ：陰影長度　　　　 d ：遮陽深度

圖 6–5.6　遮陽板的形式

(a)水平遮陽板　　　　　(b)垂直遮陽板　　　　　(c)格子遮陽板

A：太陽方位角　　　a：窗面之方位角

h：太陽高度角

5.遮陽板效果之檢討

　　遮陽效果檢討可根據遮陽檢度規（如圖 6–5.7）與極投影圖（如圖 6–5.5）檢討之。按實際遮陽板方位重合於極投影圖上（二圖之圓心與圓心重合），則可求得適當的遮陽形式。例如，進行垂直面向東南開口部的遮陽設計，可如圖 6–5.8 把遮陽檢度規（如圖 6–5.7）朝向東南方重合於極投影圖（如圖 6–5.5），可知如採取仰角 55° 的水平遮陽板就可遮去過熱期的日照（文獻 C02）。

圖 6–5.7　遮陽檢度規　　（文獻 C16）

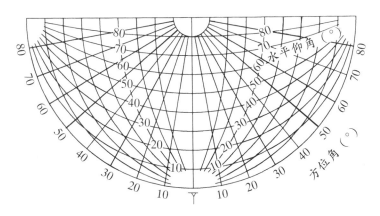

圖6-5.8　水平遮陽板例設計　（文獻 C16）

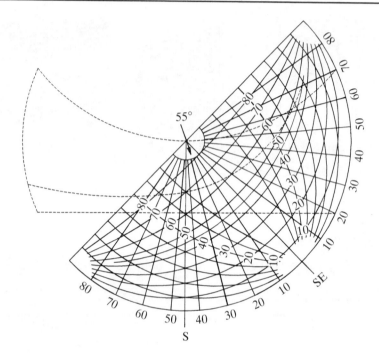

6-6　日照計劃

　　日照計劃所考慮的因素包含了**日射**及**採光**兩大部分。就日射來說，我們希望每一棟建物都能有適當的日照時數，來保障人們在健康上、心理上的舒適需求，但如前述，日射得熱是造成室溫過熱的主要原因，如何在適當日照及熱負荷上做均衡的考量，是必須加以注意的；就採光而言，我們希望採光能**避免直射光**的照射，而且**採光量最好能夠穩定且均勻**來達到視覺環境的要求。針對上述，在日照計劃上，在各個建築計劃階段上，有下列事項需加以注意：

1.在建築物的方位上

　　臺灣地區各方位的日射量，夏日以**水平面**之日射量最大，其次為

東西向牆面，再次為南向牆面，最小值為北向牆面。而在採光量的分布上，東向是午前多且直射，西向是午前少而午後直射，南面採光量最多且不均等分布，北面採光量最少且均等分布無直射，因此無論在日照或採光上，建築物在方位上的選擇以**南北方向**較為有利。

2.在建築物的配置上

適宜的日照時數常依建築物間的間距所決定，建築配置上要求條件為前列建築物對後列建築物所阻礙的日照量上做一定限度的限制，也就是依每日所需之最小日照時數限定建築物間的鄰棟間距。在環境配合利用上，地形變化、鄰近建物及植栽都可為日照上建築配置所利用，例如落葉樹，夏季濃密的樹葉可形成日影，而冬季則可使日光透過。

此外，在建築物的開口部及遮陽部分已於 6-5.3 中著墨甚多，在此不再加以重複贅述。

6–7　日射

太陽之輻射熱──日射──乃所有氣象現象之能量根源，如大氣溫度即直接或間接依日射維持之。日射之強弱及量之大小對室內氣候之影響頗大，依緯度、季節、天候或受日射面之方向並該面之熱的性質等而有差異。

當日射透過地球之大氣層時，被大氣吸收，及受大氣中之質點之擾亂而轉弱，同時大氣層則因吸收日射而獲得熱量，使輻射增大。受質點之擾亂部份亦成為一來自天空之輻射。地表及地物依上述日射綜合效果而獲得熱量，並依此熱量再行輻射之。其方式可列述如下：

1.直達日射

透過大氣直接抵達地表之日射即直達日射。即日射通過大氣層時，較長波長之日射，被大氣中之水蒸氣吸收，吸收日射後之水蒸氣溫度

漸上升，所產生之輻射現象。

2.天空輻射

日射通過大氣層時，較短波長之日射易受空氣質點干擾，被干擾之部份成為天空全體之輻射而抵達地面者。

3.反輻射

大氣質點吸收日射及來自地表之輻射後，溫度增高而產生之輻射。若大氣中之水蒸氣多時，對日射之吸收較大，同時反輻射亦大。

4.地表輻射

地表面受陽光直接日射、天空輻射、大氣輻射後，溫度漸上升，地表面因而產生之輻射現象。地表其輻射之發散量與受熱量之差稱為有效輻射。白晝間有效輻射為負值，即受熱量較大而使地表面之溫度上升。夜間地表面僅受反輻射，而較地表之輻射為小，則地表面之有效輻射為正，地表漸趨冷卻。

日射量乃表示某面在某時間內所受之熱量，單位面積在單位時間內所受之熱量稱為日射強。在建築物的傳熱方面以 $kcal/m^2h$ 表示。

在大氣層外表面上，法線面日射強 I_r，與外向法線成 γ 角之面的日射強為 I_n 時，其關係如下（文獻 C01）：

$$I_r = I_n \cdot \cos\gamma \cdots\cdots\cdots\cdots\cdots\cdots\cdots\cdots\cdots\cdots\cdots 式\,6\text{–}7.1$$

到達地表面的日射熱量，因透過大氣層時被水蒸氣、雲或塵埃吸收而減少。地面法線面之直達日射量可以下式表示：

$$I_{DN} = I_{no} \cdot P^{\csc h} \cdots\cdots\cdots\cdots\cdots\cdots\cdots\cdots\cdots 式\,6\text{–}7.2$$

$$大氣圈外日射量\,I_{no} = \frac{I_0}{r^2} \cdots\cdots\cdots\cdots\cdots\cdots\cdots 式\,6\text{–}7.3$$

I_0: 太陽常數

太陽輻射能量雖為一定，但地球與太陽之距離（即地球之動徑）

卻隨時變化，地球動徑之平均值 $(r = 1)$ 時的 I_{no} 稱之。其值依美
Smithonian Institute 之研究及 Willson 山天文臺 Abbot 氏及 Fowle 氏自
1937 ～ 1952 測量結果之平均 $I_0 = 1167$kcal/m²h。過去多按 1164kcal/m²h
計算。而實際地上獲得之熱量較太陽常數為小。

$\quad$ r 地球之動徑：平均按 1 表示時，每年間代表日之 r 值可如下：

夏至 $r = 1.0146$ $\qquad$ 冬至 $r = 0.9836$

立秋 $r = 1.0140$ $\qquad$ 春分 $r = 0.9662$

秋分 $r = 1.0033$

$$大氣透射率 P = \frac{I}{I_0} \cdots\cdots\cdots\cdots\cdots\cdots\cdots\cdots 式\mathbf{6-7.4}$$

$\quad$ 式中：I：太陽高度 90° 時，地上法線面之日射強

太陽光線對受熱面之入射角為 i 時，受熱面之直達日射量 I_D，則：

$$I_D = I_{DN} \cdot \cos i \cdots\cdots\cdots\cdots\cdots\cdots\cdots\cdots 式\mathbf{6-7.5}$$

$$I_D = I_{no} \cdot P^{\csc h} \cdot \cos i \cdots\cdots\cdots\cdots\cdots\cdots 式\mathbf{6-7.6}$$

當受熱面之傾斜角為 γ，方位角為 α 時，則 $\cos i$：

$$\cos i = \sin h \cdot \cos \gamma + \cos h \cdot \cos A \cdot \sin \gamma \cdot \cos \alpha$$

$$+ \cos h \cdot \sin A \cdot \sin \gamma \cdot \sin \alpha \cdots\cdots\cdots 式\mathbf{6-7.7}$$

$$\cos i = \sin h \cdot \cos \gamma + \cos h \cdot \sin \gamma \cdot \cos(A - \alpha) \cdots\cdots 式\mathbf{6-7.8}$$

$\quad$ 式中：h $\quad$：太陽高度角

$\qquad\qquad$ I_{DN}：地面法線面之直達日射量

6-8　建築物之熱收受

建築物之熱收受量與日射熱情形及冷房設備等有關。日射熱依太

陽位置按時刻而變換之，經牆壁、屋面依熱流動狀態而傳達至室內；冷房設備則與機械功率、運轉時間等之不同對室內溫度之影響而有所不同。良好的互相配合，有助於維持室內環境的舒適性。

近年來，能源耗竭危機意識抬頭，臺灣地區為降低建築物在能源上的損耗量，建立一指標——ENVLOAD，藉由透過了解建築熱收受實際情況及其因子，計算其實際熱收受情形下的熱負荷，並從而規範，確實掌握建築物理環境與地球能源間的互動關係。以下介紹其詳細之定義。

所謂「**建築耗能量**」是指為了維持室內長期熱環境的舒適性，鄰接窗、牆、開口部等外殼部位的空間在全年中所產生的顯熱負荷。其計算方式如下：

$$\text{ENVLOAD} = \text{ENVLOAD}_c + \text{ENVLOAD}_h \cdots\cdots\cdots\cdots 式\,6\text{–}8.1$$

臺灣溫暖氣候下，大多只有冷房設備而無暖房設備，此時

$$\text{ENVLOAD}_h = 0$$

則：

$$\text{ENVLOAD} = \text{ENVLOAD}_c \cdots\cdots\cdots\cdots\cdots\cdots 式\,6\text{–}8.2$$

$$\text{ENVLOAD}_c = \text{ac}_0 + \text{ac}_1 \cdot C + \text{ac}_2 \cdot L \cdot \text{DH}_c$$

$$+ \text{ac}_3 \cdot \left(\sum M_{ck} + \text{IH}_{ck}\right) \cdots\cdots\cdots\cdots 式\,6\text{–}8.3$$

$$\text{ENVLOAD}_c = \text{ah}_0 + \text{ah}_1 \cdot C + \text{ah}_2 \cdot L \cdot \text{DH}_h$$

$$+ \text{ah}_3 \cdot \left(\sum M_{ch} + \text{IH}_{ch}\right) \cdots\cdots\cdots\cdots 式\,6\text{–}8.4$$

式中：　ENVLOAD：　建築外殼耗能量($\text{WH/m}^2 \cdot \text{yr}$)

　　　　　ENVLOAD_c：　全年外殼冷房顯熱負荷 ($\text{WH/m}^2 \cdot \text{yr}$)

　　　　　ENVLOAD_h：　全年外殼暖房顯熱負荷 ($\text{WH/m}^2 \cdot \text{yr}$)

L:　　外殼熱損失係數 $(W/m^2 \cdot K)$，另有公式計算

M_{ck}:　k 方位外殼的冷房日射取得係數（－），$\sum M_{ck}$ 表
　　　示具有多方位外殼時之累算值。另有公式計算

M_{hk}:　k 方位外殼的暖房日射取得係數（－），$\sum M_{hk}$ 表
　　　示具有多方位外殼時之累算值

C:　　　外殼熱容量 $(WH/K \cdot m^2)$，可由查表得知

DH_c、DH_h:　當地之「冷房度時」及「暖房度時」$(K \cdot H/yr)$，
　　　　　可由查表得知

IH_c、IH_h:　　當地之「冷房日射時」及「暖房日射時」
　　　　　$(K \cdot H/yr)$，可由查表得知

ac_0、ah_0:　　常數，可由查表得知

ac_1、ah_1:　　偏迴歸係數 (K/yr)

ac_2、ac_3、ah_2、ah_3:　偏迴歸係數 (－)，可由查表得知

　　就物理意義而言，其包含了氣象變數與建築變數的考慮。此外此指標亦針對室內空調負荷、照明負荷、室內人員密度及外部遮陽等作了修正。做綜合考量建築實際熱收受影響因子的計算。

關 鍵 詞

6–2　天球、視運動

6–3　太陽高度角、太陽方位角

6–4　可照時數、日照時數、日照率

6–5　永久影、鄰棟間距

6–7　天空輻射、地表輻射、直達日射

6–8　ENVLOAD 指標

習　題

1.在建築設計中，如何考量日照狀況？

2.在建築中如何應用桿影原理？

3.鄰棟間距如何決定？我國現行建築技術規則中又有何規定？

4.遮陽板的形式有哪些種類？在遮陽設計中如何應用遮陽檢度規？

5.日照計劃原則為何？而在各個建築階段中有哪些常用手法可達到效
　果？

第七章 採光與照明

7-1　概說

良好的光照環境是確保人們進行正常工作、學習與生活的必要條件，光照環境的好壞與否對勞動生產率及視力健康都有直接的影響。光照環境包含了**採光**與**照明**兩大部分，採光即利用天空的光線，即自然光經過建築的開口部對室內照明，但是自然光線通常無法提供均一而恆久的照度，此外，建築上因為各個空間使用目的的不同，對日照的要求限制也各有所不同，人工的照明設備即變成一不可或缺的依賴工具，藉由人工照明設備得以使得各個建築空間的光照環境達到使用目的之所需。

本章著重於介紹與建築相關的光學基本知識、採光設計及計算方法、人工光源和燈具的光學特性、基本照明設計及計算方法。希望藉由在基礎知識上的認知，能夠提出與建築物緊密配合的照明設計方案，創造出良好的室內光環境。

7-2　光照生理及光照物理

7-2.1　光照生理

1.眼睛的構造

無論是採光或是照明都需經過人眼始有感應，關於人眼對於光之性質可以從人眼的構造了解之。如圖 7-2.1(a)所示，人眼的主要組成部分及其功能如下：

⑴瞳孔　虹膜中央的圓形孔，它可以根據環境的明暗程度，自動調整其孔徑，以控制進入眼球的光能數量。

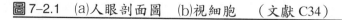

圖7-2.1 (a)人眼剖面圖 (b)視細胞 （文獻C34）

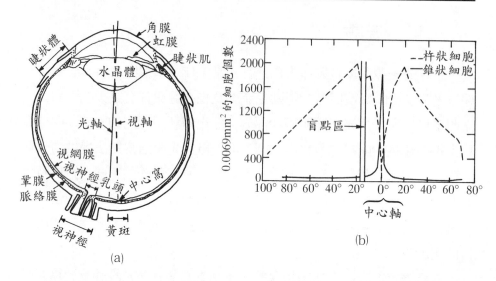

(2)**水晶體** 為一扁球形的彈性透明體，它受睫狀肌收縮與放鬆的影響使其形狀改變，從而改變其屈光的角度，使遠近不同的外界景物都能在視網膜上形成清晰的影像。

(3)**視網膜** 光線經過瞳孔水晶體在視網膜上聚焦形成清晰的影像，它是眼睛的視覺感受部分。

(4)**感光細胞** 在視網膜上佈滿了感光細胞——錐狀及杆狀細胞。兩種視細胞在視網膜上的分布是不均勻的，如圖 7-2.1(b)所示，眼球的中心軸部分以錐狀細胞分布居多，周邊部分以杆狀細胞為多，其機能並不相同而各有特性，錐狀細胞只在明亮環境下起作用，它能分辨出物體的細部及顏色，並對環境的明暗變化作出迅速的反應，以適應新的環境；杆狀細胞只在黑暗環境中起作用，它只能看到物體，但不能分辨出物體的細部和顏色，對環境明暗變化的反應緩慢。

2.Weber-Fechner定律

Weber-Fechner定律主要為一支配所有生理的、心理的感覺之定理，

而不僅限於照明視覺上。Weber-Fechner 定律說明了感覺之差異與所給物理的刺激量之差異間並非比例關係，而約與原刺激量之增減量之比成比例。其包含的公式如下所示：

$$dE = k \left(\frac{dR}{R} \right) \quad \dotsb \quad \text{式 7–2.1}$$

式中：　R：刺激量

　　　　E：感覺量

此式由 Weber 所導出。若設感覺量 $E = 0$，則上式積分如下：

$$E = k \log R + C = k \log \left(\frac{R}{R_0} \right) \quad \dotsb \quad \text{式 7–2.2}$$

式中：　R_0：基礎刺激量

此式由 Fechner 所導出。即感覺量與刺激量之比之對數成比例，換言之，當刺激量按比例增加時，則感覺按等差增加。

例如 10 lx 之亮度增加 10 lx 到 20 lx 時，視覺可察覺其前後亮度之懸殊差異，與從 100 lx 之亮度增加 10 lx 到 110 lx 的感覺絕非相同，而是需從 100 lx 增加 100 lx 到 200 lx 的差異。

但是，上述所說的感覺差並非一定值，而有一定範圍的限制，因為人體的感覺不論是視覺、聽覺、觸覺等都有範圍的上下限，而且上下端的感覺較為遲鈍，此為 $\frac{\Delta R}{R_0}$ 值變大之緣故。

3.視能度

人眼可產生光覺的輻射線的波長範圍在 380nm ～ 780nm，以 555nm（黃綠色光）前後者最為顯著。人眼在可視範圍內觀看相同功率的輻射，在不同波長時感覺到的明亮程度不一。人眼的這種特性常用視感曲線圖來表示，如圖 7–2.2 所示。可視範圍內按各波長之刺激而產生之感覺稱為視能度。視能度亦如輻射之能量換算成光覺之強度係數，即

波長 $\lambda = 555\text{nm}$ 之輻射線的視能度為 680 lm/W，此值亦即**標準（最大）**
視能度（原依實驗值為 620 lm/W，而 680 lm/W 為理論值）以此值為 1 時
之視能度，亦即視能度與標準視能度之比稱為比視能度。其關係可以
下列式子表示：

$$K_\lambda = \frac{F_\lambda}{\phi_\lambda} \cdots\cdots\cdots\cdots\cdots\cdots\cdots\cdots\cdots\cdots\cdots\cdots\cdots\cdots\text{式 7-2.3}$$

$$V_\lambda = \frac{K_\lambda}{K_m} \cdots\cdots\cdots\cdots\cdots\cdots\cdots\cdots\cdots\cdots\cdots\cdots\cdots\cdots\text{式 7-2.4}$$

其中，K_λ 為視能度，F_λ 為波長 λ 之光通量，ϕ_λ 為其相當之輻
射通量，K_m 為**標準視能度**。

圖 7-2.2　視感曲線圖　（文獻 C34）

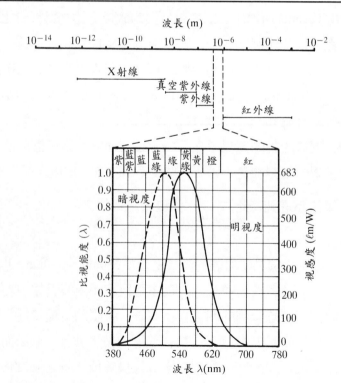

4.眩光

於採光或照明中，因光源之種類或方向，有炫耀刺眼之光線而妨礙物體之辨識，並影響工作效率，此類光線稱為眩光，其種類劃分如下：

(1)對比眩光　對象物其本身之對比過大時而感炫耀刺目，如面對太陽而無法辨識來人之面孔。

(2)斜照日光　被視物體附近有較高亮度光源時，此物體常發生無法辨識之現象。

(3)反射眩光　金屬面或其它光滑之表面因反射而無法看清之現象者。

(4)光幕眩光　亦稱為表膜眩光，眼睛對被視物觀視時所發生被視物多餘之強烈反光。如觀看高照度之物體時，視線中有塵埃、煙霧等發亮之物質出現，猶如玻璃膜等之存在。

(5)順應眩光　由黑暗之處所突然來至光明之處所時所產生者。因人眼之調應尚未來得及，常於 1～2 分鐘後即消失。亦稱為暫時眩光。

(6)過照眩光　直接投射於視覺器官之光通量過大時所產生，如太陽或高照度之發光體在視線前方時，無法清晰辨認光源與視點間之物體或景物即屬過照眩光。

7-2.2　光照物理

1.基本光度單位及應用（文獻 C34）

(1)光通量　由於人眼對於不同波長的電磁波具有不同的靈敏度，我們不能直接用光源的輻射功率或輻射通量來衡量光能量，所以通常採用以人眼對光的感覺量為基準的基本量——光通量。光通量常用符號 F 或 ϕ 來表示，單位為光瓦，1 光瓦等於輻射通量為 1 瓦，波長為 555nm 的黃綠光所產生的光感覺量。由於人眼對黃綠光最敏感，故其他波長的光要想達到相同的感覺量，其輻射通量需高於 1 瓦，其關係

式如下：

$$F_\lambda = V(\lambda) \times \phi_\lambda \cdots\cdots\cdots\cdots\cdots\cdots\cdots\cdots\cdots\cdots\cdots\text{式7-2.5}$$

式中： F_λ　：波長為 λ 的光通量，光瓦

$\quad\quad V(\lambda)$：波長為 λ 的視感對應光譜

$\quad\quad \phi_\lambda$　：波長為 λ 的輻射通量 W

　　實用中光瓦的單位太大，故常用另一較小單位——流明。1光瓦 = 683 流明。1流明即標準光強1燭光之光源，單位立體角所發射光之光的流量。

　　(2)發光強度（光度）　上述的光通量是說明某一光源向四周空間發散出的光能量，不同光源發出的光通量在空間的分布是不同的，所以我們除了知道光源發出的光通量外，還需要了解光通量在空間的分布狀況，也就是光通量的空間密度，稱為發光強度（光度），常用符號 I 來表示。如圖 7-2.3所示，一空心球體，球心 O 處置一光源，其球表面積為 S 的 $ABCD$ 發散出 F(lm) 的光通量，而面積 S 在球心形成的立體角 ω，此 ω 是與 S 的面積及球半徑的平方的關係如下：

$$\omega = \frac{S}{r^2} \cdots\cdots\cdots\cdots\cdots\cdots\cdots\cdots\cdots\cdots\cdots\cdots\cdots\text{式7-2.6}$$

圖7-2.3　發光強度示意圖　（文獻C34）

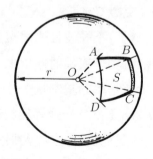

ω 的單位為 sterad，當 $S = r^2$ 時，它在球心處所形成的立體角 $\omega = 1$ sterad。

點光源在某方向上的 $d\omega$ 立體角內發出的光通量為 dF 時，該方向上的發光強度為：

$$I_\alpha = \frac{dF}{d\omega} \cdots\cdots\cdots\cdots\cdots\cdots\cdots\cdots\cdots\cdots \textbf{式7-2.7}$$

而在此方向上的平均發光強度 I_α 為：

$$I_\alpha = \frac{F}{\omega} \cdots\cdots\cdots\cdots\cdots\cdots\cdots\cdots\cdots\cdots\cdots \textbf{式7-2.8}$$

發光強度的單位為燭光 (candela) cd，表示在 1 sterad 內均勻發射出 1 lm 的光通量。1 cd=1 lm/1sterad。

(3)照度　對於被照面來說，常用照度（常用符號 E）來衡量其被照射的程度。它表示被照面上的光通量密度，點光源在某方向上的 dS 面積上發出的光通量為 dF 時，該面積上的照度為以下列式子表示：

$$E = \frac{dF}{dS} \cdots\cdots\cdots\cdots\cdots\cdots\cdots\cdots\cdots\cdots\cdots \textbf{式7-2.9}$$

當光通量 F 均勻分布在被照面積 S 上時，則此被照面積的照度為：

$$E = \frac{F}{S} \cdots\cdots\cdots\cdots\cdots\cdots\cdots\cdots\cdots\cdots\cdots \textbf{式7-2.10}$$

照度的常用單位為勒克斯（lx），1 lx=1 lm/m^2。

(4)發光強度與照度的關係（平方反比定理）（餘弦定理）　如圖 7-2.4(a)所示，表面 S_1、S_2、S_3 距點光源分別為 r、$2r$、$3r$，且其形成之立體角相同，則其表面 S_1、S_2、S_3 的面積比為 1:4:9，而光源的發光強度相同，即單位立體角之光通量不變，故可推得：

$$E = \frac{I}{r^2} \cdots\cdots\cdots\cdots\cdots\cdots\cdots\cdots\cdots\cdots\cdots\cdots\cdots 式 7\text{–}2.11$$

以上所指為光線垂直入射被照表面即入射角為零度時。如圖 7-2.4
(b)所示為二被照表面 S_1、S_2 其夾角為 α，S_1 的法線與光線平行，則可
推得：

$$E_2 = \frac{I}{r^2} \cos\alpha \cdots\cdots\cdots\cdots\cdots\cdots\cdots\cdots\cdots\cdots\cdots 式 7\text{–}2.12$$

圖 7-2.4 發光強度與照度關係示意圖 （文獻 C34）

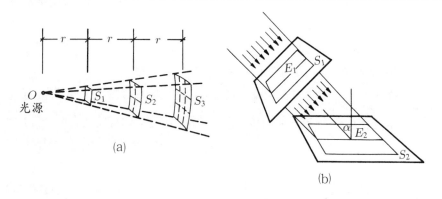

(a)

(b)

(5)*亮度* 相同照度的不同物體，如黑色與白色兩物體，雖然其照
度相同，但是對人眼的視覺感受卻有不同，這說明了物體表面的照度
並不能直接表達人眼對於物體的視覺感受。某光源面或受光後之反射
面對某方向每單位面積照射之光度稱為亮度，以 B 表示，單位為熙提
（sb）或 Nit（nt）。

$$1\text{sb} = 1\text{cd/cm}^2,\ 1\text{nt} = 1\text{cd/m}^2,\ 1\text{sb} = 10^4\text{nt}$$

如圖 7-2.5所示，圖中 S 為一發光體，它在視網膜上形成像 σ，物
體表面積 S，物體在垂直於視線平面上的投影為 $S\cos\alpha$，則：

$$\frac{S\cos\alpha}{R^2} = \frac{\sigma}{r^2} \cdots\cdots\cdots\cdots\cdots\cdots\cdots\cdots\cdots\cdots 式 7\text{–}2.13$$

圖 7–2.5　亮度概念示意圖　（文獻 C34）

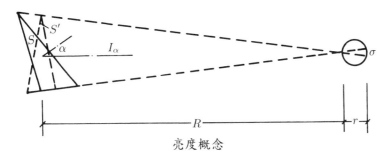

亮度概念

又視網膜上形成像的照度 $E_\sigma = \dfrac{F}{\sigma}$

　　其中，光通量 F 為物體 S 在瞳孔上形成的照度 (E_t)、瞳孔面積 (q)、眼球之透光係數 (τ) 的乘積，則：

$$F = E_t \cdot q \cdot \tau \cdots\cdots\cdots\cdots\cdots\cdots\cdots\cdots\cdots\cdots\cdots\cdots\text{式7–2.14}$$

且 $E_t = \dfrac{I_\alpha}{R^2}$，故光通量可由式 7–2.15 表示：

$$F = \frac{I_\alpha}{R^2} \cdot q \cdot \tau \cdots\cdots\cdots\cdots\cdots\cdots\cdots\cdots\cdots\cdots\text{式7–2.15}$$

則像的照度如式 7–2.16所示：

$$E_\sigma = \frac{\left(\dfrac{I_\alpha}{R^2}\right) \cdot q \cdot \tau}{\sigma} \cdots\cdots\cdots\cdots\cdots\cdots\cdots\cdots\text{式7–2.16}$$

又 $\dfrac{S\cos\alpha}{R^2} = \dfrac{\sigma}{r^2}$，所以：

$$E_\sigma = \frac{I_\alpha}{R^2} \cdot q \cdot \tau \cdot \frac{R^2}{S \cdot \cos\alpha \cdot r^2} = \frac{\tau \cdot q}{r^2} \cdot \frac{I_\alpha}{S\cos\alpha} \cdots\cdots\text{式7–2.17}$$

其中，$\dfrac{\tau \cdot q}{r^2}$ 為常數，故 E_σ 是隨 $\dfrac{I_\alpha}{S\cos\alpha}$ 而改變，我們稱 $\dfrac{I_\alpha}{S\cos\alpha}$ 為該

物體在 α 方向的表面亮度 (B_α)，則

$$B_\alpha = \frac{I_\alpha}{S\cos\alpha} \cdots\cdots\cdots\cdots\cdots\cdots\cdots\cdots\cdots\cdots\cdots\cdots\text{式 7–2.18}$$

(6)發光度　亦稱為輝度或光通量發散度，是指自某單位面積所發散出之光通量，即自某面對各方向放散之光通量之面積密度。發光面之面積並非指某方向之視面積，乃該面之真實面積。發光度以 R 表示，單位為 radlux (radlx)，radphot（radph）等。

$$面積 S 時之平均發光度為 R = \frac{F}{S} \cdots\cdots\cdots\cdots\cdots\text{式 7–2.19}$$

照度乃為所受光通量密度，而發光度為所發散之光通量密度，與亮度相同，不僅適於發光之 1 次光源本身，亦適於反射光或透射光之 2 次光源。

(7)光量　某時間內發散或通過之光之總量稱為光量，即光通量之時間積分，以 Q 表示，單位為流明時或流明秒。

(8)發光效率　某測光量與輻射量之比稱為發光效率，單位為 lm/Watt。最大之發光效率為 $\lambda = 555$nm 之單色光 680 lm/Watt。

7-3　晝光光源

7-3.1　晝光

抵達地球之自然光乃由太陽直射光及天空光所組成，總稱為全晝光。天空光乃直射日光受大氣中的空氣分子、水蒸氣、塵埃等散亂後而成的漫射光，並含有自地面之反射光射入大氣後，再經反射而成之光。此反射之光乃日光之第二次光源。因此，廣義的晝光包含了所有的天然光，而通常所指之晝光乃針對天空光而言。

7–3.2　直射日光

一般而言，太陽直射光由於其本身的強度高，相對的亦會造成眩光現象，且熱問題上帶來的困擾，使得太陽直射光在自然採光中，未被設計者作為設計光源探討。地表所受之太陽直射光及天空光之照度依該時之太陽高度、季節、氣象狀態等之變化而有所差異。

在緯度較低的區域，因為其氣候炎熱，日射時間長，設計者常利用開口部設計、建築敷地計劃、遮陽設計或是其他種種設計技巧，避免太陽直射光直接進入室內的可能性，以減低直射光對室內作業的干擾；而在緯度較高的區域，由於其氣候較寒冷，且日射時間較短，設計者可能反而會利用可調節的遮陽導板，根據室內需求，適當的引進直射光。

7–3.3　晝光率

採光設計時須設法使室內空間的照度分布達到合理，但是由於室外的晝光照度差異變化頗大，因此若是以照度處理控制不易。所以，有一根據室內外照度比的一個指標——晝光率，以符號 D 表示之（文獻 C01）。

$$D = \frac{E}{E_s} \quad\cdots\cdots\cdots\cdots\cdots\cdots\cdots\cdots\cdots\cdots\cdots\cdots\cdots\text{式 7–3.1}$$

其中 D 為晝光率，E 為室內被照面上某一點之照度，E_s 為室外全天空光照度。

上述為一般定義，實際應按下列情形考量：

1.全天空光照度僅考慮天空光之照度，直射光由於變動激烈而不考慮。

2.如圖 7–3.1 所示，室內照度包含了以窗面為光源之直接晝光照度

(E_d) 及其經反射所產生之反射晝光照度 (E_r) 之合計。

$$D = D_d + D_r = \left(\frac{E_d}{E_s} + \frac{E_r}{E_s} \right) \times 100\% \cdots\cdots\cdots\cdots \text{式7–3.2}$$

$$直接晝光率 D_d = \frac{E_d}{E_s} \times 100\% \cdots\cdots\cdots\cdots\cdots \text{式7–3.3}$$

$$反射晝光率 D_r = \frac{E_r}{E_s} \times 100\% \cdots\cdots\cdots\cdots\cdots \text{式7–3.4}$$

反射光之照度，依室形、大小、牆壁之不同而有所不同，為了簡便計算，晝光照度通常只考慮直接晝光照度而不考慮反射晝光照度。

圖 7–3.1　晝光率示意圖　（文獻 C01）

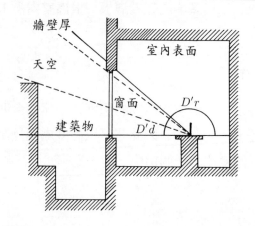

7-4 採光效率

建築採光所依據的自然光，除了自然光本身依緯度、季節等之不同所產生的差異外，亦會因為開口部的構造窗周圍之壁厚以及玻璃本身的新舊程度而有所改變，以上的因素都會影響到建築物的採光效率，今介紹如後：

7-4.1　有效率、損失率

經過窗透射進入室內之光線因窗櫺、窗樘或壁厚而減低，其減低之程度可依損失率 $(1-R)$ 及有效率 (R) 來表示。

假設因窗櫺所影響者為 R_1，因壁厚造成陰影面積所影響者為 R_2，則其綜合有效率 R 為：

$$R = R_1 \times R_2 \cdots\cdots\cdots\cdots\cdots\cdots\cdots\cdots\cdots\cdots\cdots\cdots\cdots\textbf{式7-4.1}$$

式中：$R_2 = 1-$窗櫺之面積比

$$R_2 = \frac{F}{F_0}, \quad F \text{ 為窗面外之光通量,}$$
$$F_0 \text{ 為窗面內之光通量}$$

7-4.2　維護率

玻璃材料的透射能力會因為其種類之不同及其劣化之程度而有所差異，所謂之維護率又可稱為**折耗率**（通常以 M 表示之），是指因為玻璃依其污染程度、清洗程度之不同，其對於光線透射能力的折扣程度。通常來說，定期的清洗玻璃窗，對於玻璃的維護率有所助益，即有助於採光效率的提升。

表7-4.1　窗玻璃之維護率 (M)　　（文獻 C01）

時間狀況　　　建築類別　窗子類別	不易污染之建築（辦公室）	易於污染之建築（工廠）			
	垂直面	垂直面	30° 傾斜	60° 傾斜	水平面
6 個月平均	0.80	0.65	0.55	0.50	0.45
清掃後 3 個月	0.82	0.69	0.62	0.54	0.50
清掃後 6 個月	0.73	0.55	0.45	0.39	0.34

7–5 採光計劃

建築採光計劃，不僅是滿足光照環境上的生理需求，熱環境上的考量以及建築物上特殊意匠考慮等，甚至於在非生理上如心理性，或是建築技術上的考量等，都須加以考量。以下僅就一般建築物採光上所需注意之事項及一般採用的手法作一說明：

1.注意事項

⑴最適畫光照度　如前述，人眼之瞳孔會因為外界光之強弱適當調整其大小，以適應各種環境之變化。白畫間，瞳孔縮小，雖然畫光照度相當高，卻不會感到太過於明亮；相反的在夜間，瞳孔會放大，稍具照度即可工作。

按工作之不同，其最適照度亦有所差異，而其依在白畫間或是夜間，其差異亦大。有關夜間所需照度將在 7–7 節照明計劃中詳述，在此僅就白畫間最適照度加以說明，如表 7–5.1 為各種工作種類白畫間之最適照度值表，其值大約等於夜間之二倍。

表7–5.1　各種作業種類採光所需之畫光率　（文獻 J10）

工　作　種　類		適當範圍 lx	最適照度 lx	畫光率 %
超精密	精密儀器作業、鐘錶、儀器檢驗、特殊紡織等	5000~1000	2000	10~20
精　密	機械工、車床工、金屬檢驗、印刷、紡織工廠等	1000~500	1000	5~10
普　通	學校教室、製圖室、閱覽室、打字室等	500~200	500	2.5~5.0
粗	製鋼及其他爐、窯廠、木工廠等	——	100	0.5~1.0

一般來說，白晝間光源變化較大，照度無法保持在穩定狀態，故一般設計時應採較寬之數值。而晝光率依作業之種類或室間使用目的之不同，其採光所需之晝光率可如表 7–5.2。

表 7–5.2　各種室間使用目的採光所需之晝光率　（文獻 J10）

作業或室之種類	基本晝光率 %	按左列晝光率時之照度 lx			
		明亮日	普　通	暗　日	昏暗日
修理鐘錶、依晝光之手術室	10	3000	1500	500	200
長時間之縫紉、精密繪圖、精密工作	5	1400	700	250	100
短時間之縫紉、長時間之閱讀、繪圖、打字、齒科診所	3	900	450	150	60
閱讀、辦公、一般診療室、普通教室	2	600	300	100	40
會議、會客室、講堂、體育館（最低）、一般病房	1.5	450	225	75	30
短時間之閱讀、美術館展覽廊、圖書館書庫、車庫	1	300	150	50	20
旅館大廳、住宅餐廳、一般起居室、電影院休息室、教堂座席	0.7	210	105	35	14
一般走廊、樓梯、小型貨物倉庫	0.5	150	75	25	10
大型貨物倉庫、住宅儲藏間、壁櫥	0.2	60	30	10	4

(2)均齊度　在室內無論是在白晝或是夜間，都希望所得到的光環境為均齊差異性小的光照環境，如此可減少人眼為適應各個不同位置之不同光照環境，所須做的視覺調整，減低人眼的視覺疲勞。

均齊度 (A_u) 的表示方法如下（文獻 C01）：

$$A_u = \frac{E_m - E_{\min}}{E_m} = \frac{E_{\max} - E_m}{E_m} = \frac{E_{\max} - E_{\min}}{E_m} = \frac{E_{\min}}{E_{\max}} \cdots\cdots 式 7–5.1$$

式中：E_m：最大、最小之平均照度

E_{max}：室內之最大照度

E_{min}：室內之最小照度

表7-5.3　建築之採光計劃計劃表　（文獻 C17）

採光	平立面	配置	◎方位以南北方向較為有利 ◎作業面應無天際投影線
		室形	◎增加空間之同時亦應增加其採光面積且採光面積以增加窗上部為佳 ◎窗外無障礙時，採光深度的界線大約是天花板高度的二點五倍 ◎屋頂斜度有助於照度反射而增加室內之晝光率 ◎頂側光可提高室內晝光率及均齊度
		裝修材料	◎應以天花板之反射率為最高（80%），牆壁次之（50%），地板面最低（30%） ◎應使用不易污染、清掃容易的材料
	採光窗	採光方式	◎單面採光照度分布不均勻，室內深處照度不足 ◎雙面採光室內照度較充足且照度分布較均一 ◎利用周壁之反射，光線將會擴散與柔和些
		配置	◎相同採光面積之窗戶，將開窗高度提高，可增加室內深處照度且均齊度愈佳 ◎橫向窗有利於面寬方向，豎長窗有利於進深方向 ◎相同採光面積之窗戶，將其分設於數處，較單設於一處時之均齊度較佳
		大小	◎窗壁面積比愈大者，室內晝光率愈高 ◎法規規定有效採光面積與樓地板面積之最小比例
		透過性	◎上半部應使用擴散性、指向性玻璃，下半部使用透明玻璃
		遮陽形式	◎水平遮陽裝置長度愈長窗邊晝光率愈低，在晝光利用的觀點應避免設計長度超過 1.6公尺以上的遮陽裝置（採光效率70%） ◎水平羽板比豎形羽板在室內深處照度較高且均齊度較佳。各種角度水平羽板以垂直水平羽板室內照度最高 ◎南面窗之遮陽使用中間庇，配合上部使用水平羽板、擴散性、指向性玻璃可提高室內深處之晝光率及遮蔽直射日光避免眩光產生

2.常用手法

上述之注意事項為採光設計時所必須考量之事項，但是因為自然採光的主要光源——太陽，對建築物的影響卻不僅止於光環境，還包括了熱環境，特別是在臺灣這樣炎熱的地區，熱環境的不利影響，是需要特別注意的。在實際建築中所採用的手法，必須是綜合考量的結果，如表 7-5.3為一般建築之採光計劃計劃表。

7-6　人工光源

7-6.1　人工光源之色性

光源之色可按二種情形考慮，一為光色，乃為光源本身之色，另一為演色性，乃為光源照射至物體後所產生物體之顏色。在此節中，我們將探討人工光源的一些基本性質。

1.色溫度

色溫度主要為以絕對溫度來表示出光源之顏色。其來由是因為任何一黑體加熱後，其所顯現的顏色會隨著溫度變化而改變，例如當黑體加熱至某一程度後開始變成深紅色之後，會隨著持續的加熱之後顏色漸變成淺紅色、橘黃色到最後的藍白色。由此，可根據此一特性即黑體加熱至某一溫度後，則輻射光會接近該光源之色時的絕對溫度來表示該光源之色。表 7-6.1 為自然光源與各種人工光之色溫度。

2.演色性

演色性乃為光源照射至物體後所產生物體之顏色，其關鍵在於該光源所具之分光分布之狀態而定，即在人眼可視光線 380nm ～ 760nm 之範圍，該光依所含之光譜程度而定。如圖 7-6.1所示，為各種光源之分光分布。由圖可知，自然晝光成均勻現象，而人工光源的起伏則相當劇烈。而由於各種光源演色性的不同，如表 7-6.2所示，對於室內氣

表 7-6.1　自然光源與各種人工光之色溫度　（文獻 C01）

自然晝光		色溫度°K	人工光	
青空光	青空光	25000		螢光燈
		20000		
		15000	藍＋晝光色螢光燈混合色	
		10000		
		7000		
	均勻之雲天光	6500	晝光色螢光燈	
		6000	氙燈	
		5500	高壓水銀燈	
太陽光	正午之太陽	5000	螢光高壓水銀燈	
		4500	白色螢光燈	
	日出 2 小時	4000		
	日出 1 小時	3500	炭素弧光燈	
		3000	溫白色螢光燈	
		2500	一般白熾燈光	燈
	日出	2000	燭光	
	夕陽	1850		

圖 7-6.1　各種光源之分光狀態　（文獻 C01）

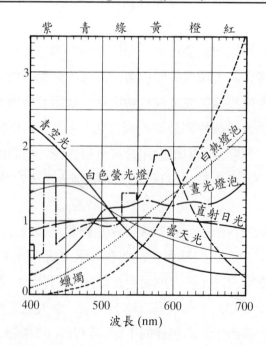

表7-6.2 各種光源之色彩效果 （文獻 C01）

光源種類		燈外之色感	自然物之色變化	氣氛效果	被強調之色	變暗之色
白熾電燈泡		黃赤白色	帶黃赤	暖	赤、橙	藍
螢光燈	溫白色	黃白色	帶黃白	有暖感	橙、黃	赤
	白 色	白色	白色	適度之暖感	橙、黃	赤
	超 白	白色	白色	適度之暖感	各 色	不 變
	晝 光	藍白色	略帶藍白	清涼	綠、藍	赤、橙
水銀燈	高 壓	綠白色	帶綠之白	帶綠之清涼	黃、綠、藍	赤、橙
鈉	燈	黃橙色	變黃	帶黃之沈暗	黃	黃以外之色

氛上將可產生不同之結果。

3.配光

　　所謂之配光乃是指各種光源或燈具在空間內之光度分布狀況，也就是光源在某一方向之光通量所發散之程度，又可稱做**光分布**。

　　光源之光度對某方向依與光度成比例之長表示時，其長之端點所連結之面稱為依極座標表示之**配光曲面**，其為一立體狀。如圖 7-6.2 所示，若是以一通過光中心之平面與配光曲面相交所成之線，則稱為**配光曲線**。其平面為水平者稱為**水平配光曲線**，為垂直者則稱為**垂直配光曲線**。

圖 7-6.2 配光曲面圖 （文獻 C01）

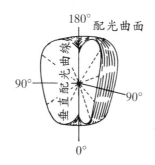

180° 配光曲面
90°
90°
垂直配光曲線
0°

圖 7-6.3 配光曲線圖 （文獻 C01）

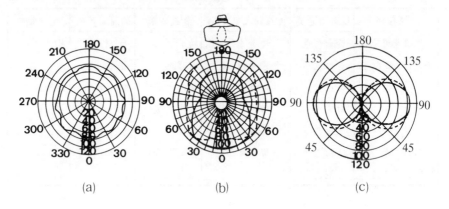

(a)　　　　　　　　　(b)　　　　　　　　　(c)

7-7 照明計劃

7-7.1 照明計劃流程

　　良好的照明計劃必須能夠針對建築物的種類及用途與環境調和在一起。一般進行照明計劃的過程如圖 7-7.1所示。

圖 7-7.1 照明計劃流程圖 （文獻 C08）

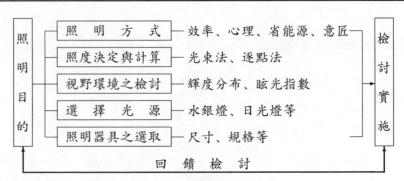

7-7.2　照明目的

一般照明的目的可分為明視與光氣氛兩大類型，明視即為看得清楚、看得容易；光氣氛又分為以光演出或是以設計為目的兩種。因此照明的目的有下列三種：

　　1.以明示為主體的照明

　　2.以光演出為主體的照明

　　3.重視設計的照明

7-7.3　照明方式與照明模式

1.照明方式

依照明器具之配光對照明分類時稱為照明方式。其大致有下列幾種方式：

　　⑴直接照明　本照明係於光源上部裝設燈傘，使由光源發射出的光通量全部直接送向作業面，故天花板面較暗。直接照明之光源其優點為效率高、設備費較少，依所需電力可獲得較高之照度；其缺點則為亦產生較強之陰影及易產生眩光。

　　⑵半直接照明　此種照明方式係使用半透明之蒙砂玻璃罩，置燈泡於罩內，對作業面直接照明，同時亦可對周圍天花板等照射。其優點為使室內全部保持有柔軟之照明，減少強烈的陰影產生而減少眩光之產生，缺點則為效率較低。

　　⑶全面漫射照明　此種照明方式可提供上下相等的照度分布。由於天花板為一反射面，有助於光之漫射，將有助於垂直面上的照明。但為避免天花板的亮度過高，光源與天花板的距離應至少保持在45公分以上。

　　⑷半間接照明　60～90%之光投射於天花板或側牆上，藉由反射而到達作業面。

(5)間接照明　此種照明方式係以不透明材料製作反射面，使光源隱蔽於建築構造內而對天花板施以強烈照射，藉由反射使室內獲得照明。其優點在於其乃為利用漫射光，故室內照度較為均一，陰影柔和，而缺點則為能源浪費較多。以上各種照明方式之比較如表7-7.1所示。

表7-7.1　各種照明方式之比較　（文獻C08）

分類	直　接	半直接	全面漫射	半間接	間　接
配光曲線					
上向光	0~10%	10~40%	40~60%	60~90%	90~100%
下向光	100~90%	90~60%	60~40%	40~10%	10~0%
特徵	照明率：大 室內面反射率影響：小 設備費：小 維護費：小	照明率：中 室內面反射率影響：中 設備費：中 維護費：中			照明率：大 室內面反射率影響：大 設備費：大 維護費：大

2.照明模式

上述的照明方式為針對燈具配光分類，而現在所要說明的照明模式則為根據照明空間所給予照明所作的分類。照明模式可按其空間大小、視覺環境要求、工作內容及使用機能分成四種，其介紹如下（以下摘自「臺灣電力公司臺北市區營業處緊供檢修綜合大樓智慧型節約能源規劃」。內政部建築研究所籌備處，82年3月）：

(1)全部均齊照明　用於廣大而開放之空間，其通常是將照明器具均勻對稱的排列於全部天花板面，而提供一廣泛且照明均齊度良好的

工作業面。此種照明模式是針對一般性且無須特殊視覺的工作環境。全部均齊照明主要的功能為提供均勻之照度給整個工作空間，因此它必須符合工作內容之照度基準需求，但隨著能源節約的漸被重視及配合巔峰用電壓力的降低，全部均齊照明以改變上述的照明模式設計觀念，而以較低的照度基準設計符合一般性的工作，如儲藏室、倉庫、檢驗場等空間，再以區域照明或作業標的照明方式來輔助。

　(2)**區域均齊照明**　與全部均齊照明類似，不同點僅在於區域的範圍大小。區域均齊照明是將照明器具均勻對稱地配置於局部天花板，提供室內部分空間之視覺強調，而又能兼顧全部空間之視覺要求，其能反應出傢俱或工作區域之視覺需求。區域均齊照明的優點為其能夠將光束均齊分布於工作區域，相對的可使設計者能將照明器具置於適當位置，避免不必要之高對比、直接眩光與模糊反射。

　(3)**區域照明**　常用於全部空間中面積相對較小的區域，其目的則為彌補均齊照明之不足。它提供特定物體或工作點之照明需求，此類照明需求通常較全部或局部均齊照明平均照度高出甚多。為了避免視覺器官受光對比高刺激而疲勞，通常區域照明會與均齊照明有部分重疊，其重疊面積應大於 20～30%以上。區域照明通常設計成可被使用者依其喜好或需求調整照明投射方向，而能符合小區域中高照度要求之節約能源及經濟的考量。

　(4)**作業標的物照明**　為近年來較新的一種照明方法，它通常是為配合大型開放辦公空間內之輕型矮隔間而設計。這種照明模式通常利用傢俱配合照明器具組合而成。由於照明器具通常設置於使用者之前方或前上方，因此在設計此類照明模式時應注意避免眩光之產生，更應避免視覺器官直接面對光源之可能性，同時兼顧作業標的受照區域之均齊度。

7-7.4 照度之決定與計算

1.最適照度

照明設計必須針對照明目的、空間使用別等分別決定其最適宜之照度。照度不夠，可視度不足，會對作業造成干擾；照度太大又會對人眼產生太大刺激易造成疲勞而影響作業。良好的照明必須使眼睛不易疲勞，不產生眩光，必須有足夠且適當的照度使眼睛容易看。由於各個空間的用途不同，工作項目亦有所不同，如此其所需之照度應有所差異。如表 7-7.2 所示為各種場所之照度推薦值。

2.照度計算

根據各種室間所需的用途而所需之設計照度，則可以換算成所需的照明器具數量。一般換算方法有逐點法及光束法，其中以光束法較為常用，其公式如式 7-7.1 所示（文獻 C08）：

$$N = \frac{A \times D \times E}{U \times F} \cdots\cdots\cdots\cdots\cdots\cdots\cdots\cdots\cdots\cdots\cdots\cdots\cdots\cdots 式 7\text{-}7.1$$

式中： N： 所需之燈具數

F： 每具燈具所發射出之光束量(lm)

A： 房間面積(m^2)

D： 燈泡折耗率

E： 照度設計要求

U： 照明率，依天花板、室指數、壁面反射率與 D 等項目，從廠商型錄上可查得

U 值的決定，目前大都採用日本久野清氏所發表的室指數案來決定（文獻 C08）。

$$室指數 = \frac{X \times Y}{(X + Y) \times H} \cdots\cdots\cdots\cdots\cdots\cdots\cdots\cdots\cdots 式 7\text{-}7.2$$

式中： X、Y 為長、寬，H 為燈具製作業面高度

表7-7.2　JIS (Z-9110) 各種場所之照度推薦值

| 照度級 | 2000 | 1000 | 500 | 200 | 100 | 50 | 20 | 10 | 5~0.5 |
照度範圍 lx	3000~1500	1500~700	700~300	300~150	150~70	70~30	30~15	15~7	7~0.3
事務所辦公室	玄關 Hall（日夜）	辦公室、事業室、營業所、設計室、製圖室	辦公室、會議室、職員室、印刷室、集會室、電算機室、電話交換機室、控制室（夜間）、出納室、玄關、電氣室、機械室等之配電盤	書庫、金庫、電梯	咖啡廳、休息室、值夜室、更衣室、倉庫、停車場	緊急樓梯、屋內車庫			
醫院保健室	眼科視機能檢驗（10000~5000lx）	手術室	診察室、處置室、分娩室、剖檢室、藥局、病理細菌檢查室	急處置室、護士室、X光室、物療室、運動房、聽力療室、麻醉室、恢復室、更衣室、藥品收室	停車場、內視鏡檢查室、X光透視室、眼科、病房、暗室、暗房、走廊	動物室、暗房			深夜病房及走廊
學校		製圖室、電算機室	教室、實習工場、閱覽室、充實室、辦公室、會議室、書庫、研究室、教職員室	物置室、運動力室、電話交換機室、守衛室、廣播室、內運動場	走廊、倉庫	車庫、緊急樓梯	戶外運動場		夜間道路
住宅			書房、讀書室	臥房、廚房、起居室	客廳	臥房、浴室		庭園	集合住宅綠地
旅館		櫃臺	停車場、計帳鏡、玄關、卸貨臺、洗面處、行李等收放處、集會場、餐桌	辦公室、餐廳、廚房、大廳	娛樂室、客房、走廊、樓梯、庭園、重點	浴室、緊急樓梯、走廊	玄關 Hall	放映室	
餐廳			集會室、餐桌	玄關、廚房、等待室、客房、洗臉間	餐廳、廚房、商店	樓梯			
公共會館		特別展示室	宴會場、圖書閱覽室、大會議室、玄關	結婚禮堂、餐廳、展覽室、集會室	沙龍、大廳、走廊、樓梯	雜物室、儲放場所	監視室		觀眾席
美術館博物館		金屬、石雕刻、模型	雕刻、西洋繪畫	工藝品、一般陳列品、集會室、廁所、教室	標本室、咖啡廳、餐廳、走廊	儲藏倉庫	放映室		

表7-7.3　室指數與照明率的關係　（文獻 C08）

室指數	U 值範圍	室指數	U 值範圍
A　5.0	大於 4.5	F　1.5	1.38～1.75
B　4.0	3.5 ～4.5	G　1.25	1.12～1.38
C　3.0	2.75～3.5	H　1.0	0.9～1.12
D　2.5	2.25～2.75	I　0.8	0.7～0.9
E　2.0	1.75～2.25	J　0.6	小於 0.7

7-7.5　視野環境

　　除了照度要求外，尚需要注意到光線的分布情形與避免眩光的產生。室內面之發光度差異懸殊時會產生炫耀感而影響明視。有關光線的分布情形可由照度分布、輝度分布及發光度分布等幾種方法來評價，如表 7-7.4 所示為發光度比之推薦值。為了明視要求，室內各個方向的光線必須保持均衡。

表7-7.4　發光度比之推薦值　（文獻 C08）

比較對象	明視照明	生產照明
作業對象與其鄰接部分	3:1～1:3	5:1
作業對象與其旁邊部分	10:1～1:10	20:1
照明器具或窗與其四周	20:1	40:1
視野內最大對比處	40:1	80:1

　　照明計劃中若是毫無計劃的一味地實行高照度照明，如此不僅無法增加明視效果，可能還會帶來眩光的反效果，而使人眼產生不舒服感。目前世界各國對於不舒服眩光尚無統一之評價方式，如表 7-7.5 為 IES Code 之 Glare Index 推薦界限值。

表7-7.5　Glare Index推薦值（IES Code）

建　築　用　途		Glare Index 推薦之界限值
事務所	電話交換機室（主配電盤室）	25
銀　行	一般辦公室、會議室、職員室、事物機械室	19
	設計製圖室、電話手動交換機室	16
醫　院	研究室、藥局	19
	支納、接待等待室、外來部門	16
	病房	13
	手術室	10
學　校	辦公室	19
	一般教室、美術工藝室、研究室、圖書室、職員室、談話室	16
	裁縫室	10
圖書館	書庫、目錄室、整理室	22
	閱覽室	19
博物館		16
美術館		10
商　店	商品倉庫	25
	店內一般	22
工　廠	粗作業	28
	普通作業	25
	精密作業	22
	超精密作業	19

7-7.6　光源的選擇

　　照明設計所將選用的光源種類對建築空間之影響頗大，如光色、演色性、照明效率及壽命等。室內照明的光源有白熾燈、螢光燈與水銀燈三種；室外用光源則有鈉燈及氙燈等，總計分成五大類。其特性

及適用性如表 7–7.6所示。

表7–7.6　各種光源之特性與適用性

光　源種　類	效率lm/W	壽命hr	演色性	配光控制	輝度	放射熱	設備費	容量W	照　　明　　設　　施					
									辦公室	醫院	住宅	商店	餐廳	工廠
白熾燈	7.6~21	1000	良	容易	大	大	小	5~1000	◎	◎	◎	◎	◎	◎
碘　燈	20~22	2000	良	容易	大	大	小	100~1500	◎	–	–	–	–	◎
螢光燈	48~80	7500	良	困難	小	小	大	10~40	◎	◎	◎	◎	◎	◎
高功率螢光燈	70~80	7500	良	困難	小	中	大	60~110	–	–	–	–	–	◎
水銀燈	32~55	10000	可	容易	小	中	小	40~1000	–	–	–	–	–	◎
螢　光水銀燈	30~52	10000	良	容易	大	中	大	40~1000	–	–	◎	◎	◎	◎
鈉　燈	83~107	5000	不可	容易	大	中	小	60~200	–	–	–	–	–	–
氙　燈	32~25	3000	優	容易	大	中	大	1~20000	–	–	–	–	–	◎

7–7.7　照明計劃與節約能源

　　一般為了節省照明用電力，常採用如下的手法：

1.積極的利用自然採光

　　一般而言，白晝間日照時間也就是上班或上課時間，若積極的利用自然光源，則人工照明的補助照明可減少使用。

2.適當的照度

　　照度過高，不僅浪費能源，對於明視亦會起反作用，適當的照度對於光照環境與節約能源都有所助益。各室間之最適照度如表 7–7.2所示。

3.使用高效率之燈具

　　從光源的特性來說，一般還是認為日光燈最具效率，此外，照明燈具盡可能採用附反射蓋之燈具，也可以減低能源的浪費。另外，做好點滅計劃，對於不必要之燈火，養成隨手關燈的習慣，對於節約能源都有幫助。

4.燈具之清掃與更換

　　燈具隨著使用時間的增加或是灰塵的覆蓋累積，都會影響燈具的照明效率，所以定期的將燈具清掃與更換，有助於發光效率的維持與節約能源。

╔═══════════╗
║ 關　鍵　詞 ║
╚═══════════╝

7-2　視能度、眩光、光通量、發光強度、照度、亮度、發光度、光量、發光效率

7-3　晝光率

7-4　採光效率、有效率、維護率

7-5　均齊度

7-6　色溫度、演色性、配光、配光曲線

7-7　照明方式、照明模式

習　題

1.試說明人眼之構造，及各個組成部分的功能。

2.試說明採光計劃中應注意之事項，並舉出常用的手法加以說明。

3.試說明一般照明計劃之流程，及各步驟應注意之事項。

4.一般的照明方式及照明模式有哪些？各項的特點及適用性又為何？

5.說明建築照明計劃如何節省能源的浪費？

第八章　音響

8-1　概說

音響學所包含的範圍相當的廣泛，以建築物理環境的觀點而言稱為**建築音響學**（Architectural Acoustics），分為二部份，第一部份為**建築音環境控制**或稱**噪音控制**（Noise Control），第二部份為**室內音響學**（Room Acoustics）。

建築音環境控制是利用噪音控制的手法來提高室內音環境的品質，設計者需要了解室內音環境基準的訂定，採取必要的措施如隔音、吸音與防振等來達成目標，並且有能力作完工後的檢測查核。

室內音響學除了建築音環境控制的基本需求之外，所追求的是良好的音響效果如音樂廳、演講堂等空間，所謂良好的音響效果要視空間的用途、要求品質來訂立，並要考慮電氣音響設備需要的可能性。

設計者具備建築音響學的專業知識，對於空間的設計，材料的選擇能有更深一層的考慮，以提高整體建築環境的品質，本章將介紹音響學的基礎知識，聲音的測定與評估，吸音與隔音的原理及材料，振動與防振，音響計劃與電氣音響等。

8-2　音響學基礎術語

8-2.1　音波（Sound Wave）

音波來自於音源的振動，以波動的形式透過介質如水、空氣、結構體等傳播，到達人耳。音波傳播的空間稱為**音場**（Sound Field），在音場中，音能量的傳遞靠介質在平衡位置往復運動，圖 8-2.1 為將聲音在空氣中傳播行為，介質音能量靠粒子運動密集與疏散來傳播，如以壓力高低來表示，粒子密集時壓力較高，反之則較低，音能量就在粒

子壓力高低變化的過程中傳遞，這種壓力高低的變化稱為**音壓**（Sound Pressure）。

圖8-2.1　聲音在空氣中傳播行為

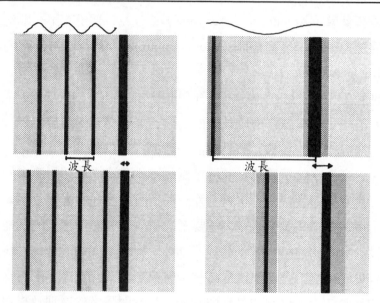

　　音波能夠在一秒中行進的距離稱為**音速**（Sound Velocity），單位為 m/s，而音波在介質粒子中每秒鐘振動的次數稱為**頻率**（Frequency），一般以 f 表示，建築音響學中常用的單位為 Hz，音波振動一次往復運動所行經的距離稱為音波的**波長**（Wave Length），以 λ 表示，單位為 m。音波速度、頻率、波長三者的關係如下：

$$\lambda = \frac{c}{f} \ \ (m)$$ ··· **式8-2.1**

式中：λ：波長 (m)

　　　　c：速度 (m/s)

　　　　f：頻率 (Hz)

　　當聲音的頻率越低，其波長越長，反之，聲音的頻率越高，則其波長越短。

【**例** 8-2.1】聲音頻率 100Hz 與頻率 1000Hz 之波長 λ 何者較長？

【**解**】依式 8-2.1所示，聲音波長與頻率成反比，100Hz 之波長約為 $\frac{340}{100}$ =3.4m，而 1000Hz 之波長約為 $\frac{340}{1000}$ =0.34m。 故低頻率 100Hz 之波長較高頻率 1000Hz 之波長要長。

8-2.2 音的傳播速度

　　聲音的速度會因為介質的不同而有快慢，聲音在常溫下的空氣中的傳播速度如下式表示：

$$c = 331.5 + 0.61\theta \quad (m/s) \cdots\cdots\cdots\cdots\cdots\cdots 式 8\text{-}2.2$$

　　　　式中：c：聲音在空氣中的速度 (m/s)

　　　　　　　θ：溫度(℃)

　　例如，氣溫在 20℃時音速約為 344(m/s)。

8-2.3 聲音的大小

　　聲音的大小，在國內建築音響學上翻譯成「**級**」，而環境工程的工程師則使用「**位準**」，事實上兩者所代表的意義相同，均是Level。使用級或位準作為聲音大小的表示，是因為聲音的物理數值，從非常小到非常大的數值都有，例如音壓級而言，人耳在 1000Hz 最小可聽值為 0.00002(Pa)，而飛機起飛的聲音可達 20000000(Pa)，兩者能量相差 10^{12} 倍，使用上十分不便。另一方面，人的感覺刺激如聽覺、觸覺、味覺、視覺，隨著外界刺激強度之對數成正比，所以採用各物理量之對數比後之 10 倍為「級」，單位為 "dB"（Deci-Bel）。

建築音響學上常用於聲音大小的指標有三種, 分別為 **音壓級**(Sound Pressure Level) SPL、**音功率級**(Sound Power Level) PWL、**音強級**(Sound Intensity Level) IL。三種指標有其不同的用途, 說明如下:

1.音壓級（SPL）

一般噪音計所使用的指標大部分是音壓級, 音壓的來源, 來自於聲音在空氣中, 所引起微小的壓力變化, 單位為 "Pa"(N/m^2), 基本定義為:

$$SPL = 10 \log \left(\frac{P^2}{P_0^2} \right) = 20 \log \left(\frac{P}{P_0} \right) \quad (dB) \cdots\cdots\cdots \textbf{式 8-2.3}$$

式中: P : 音壓

P_0: 基準值, $2 \times 10^{-5} \mu$Pa, 人耳在 1000Hz 之最小可聽值

圖 8-2.2　音壓麥克風

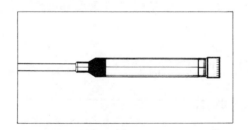

2.音強級（IL）

音強是單位面積內所通過的音能量, 單位是 W/m^2, 基本定義如下式:

$$IL = 10 \log \left(\frac{I}{I_0} \right) \quad (dB) \cdots\cdots\cdots\cdots\cdots\cdots \textbf{式 8-2.4}$$

式中: I : 聲音之強度(W/m^2)

I_0: 基準值, 10^{-12}(W/m^2)

　　在建築音響材料隔音性能的量測方法，有音壓法及音強法之差別，
簡單來講，經由音壓分析儀所量測的數值稱為音壓級，並沒有指向性；
和音壓級最大的不同，由音強分析儀所量測的數值為音強級，具有指
向性；指向性的用途，例如當一工廠具有數十臺機器同時運轉，無指
向性的音壓分析儀所量測的音壓級是所有音源音壓級的合成值，並無
法像音強分析儀一樣，可藉由指向性測得單一機器的音強級。

　　音強級與音壓級之間數值差異很小，兩者關係如下：

$$IL = SPL + 10 \log \frac{400}{\rho c} \quad (dB)$$ ⋯⋯⋯⋯⋯⋯⋯⋯⋯⋯**式8-2.5**

　　在常溫之下，如 22℃ 、 $P_0 = 0.75$mmHg 時， IL = SPL − 0.11，也就
是說， IL≒SPL。

圖 8-2.3　音強麥克風

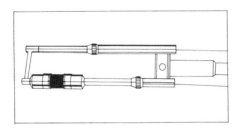

3.音功率級（PWL）

　　音功率級主要使用於音源功率大小，音源功率定義是單位時間內，
音源放射出的音能量，單位為瓦特（watt；W），音功率級的定義如
下式表示，單位亦為 dB：

$$PWL = 10 \log \left(\frac{W}{W_0} \right) \quad (dB)$$ ⋯⋯⋯⋯⋯⋯⋯⋯⋯⋯**式8-2.6**

　　式中： W ：音源之音功率 (W)

　　　　　 W_0 ：以 METER 為單位時之基準值， 10^{-12}W

　　一般的噪音計所量測的數值為音壓級，如為了要轉換成音源的功率級，以便進行噪音源的防治措施，必須考慮到聲音所在的音場及距離等狀況，以點音源而言，音壓級與音功率的關係如下：

$$SPL = PWL - 20\log 4\pi r \quad (dB) \cdots\cdots\cdots\cdots\cdots\cdots 式8\text{-}2.7$$

　　式中：r：音源與受音點之間的距離 (m)

　　聲音常用的各種單位及物理量如表 8-2.1 所示：

表8-2.1　聲音常用的各種單位及物理量

聲音表示	單位	定　義	dB基本式	dB基準值
音　壓	Pa	音在大氣壓上之壓力變化	$SPL = 10\log\left(\dfrac{P^2}{P_0^2}\right)$ $= 20\log\left(\dfrac{P}{P_0}\right)$ (dB)	$P_0 = 2 \times 10^{-5}\mu Pa$
音　強	W/m²	單位面積單位時間所通過的音能	$IL = 10\log\left(\dfrac{I}{I_0}\right)$ (dB)	$I_0 = 10^{-12}W/m^2$
音功率	W	音源在單位時間內所發生的音能	$PWL = 10\log\left(\dfrac{W}{W_0}\right)$ (dB)	$W_0 = 10^{-12}W$

8-2.4　聲音的頻率

1.頻率範圍

　　聲音的頻率，代表音波每秒振動的次數，單位為赫茲（Hertz; Hz），圖 8-2.4為各種聲音的頻率範圍，年青人的耳朵可聽到的頻率範圍為 20Hz～20kHz，Hi-Fi 裝置可表現的範圍也是 20Hz～20kHz，女生的聲音頻率範圍約為 200Hz～10kHz，男生則較低沈，約在 100Hz～8kHz間，一般作建築音響設計的頻率範圍在 80Hz～8kHz，材料隔音吸音的測定範圍在 125Hz～4kHz。

圖 8-2.4　頻率範圍　（文獻 J14）

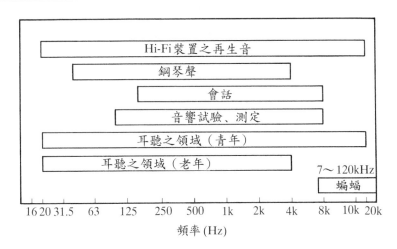

2.建築音響頻率特性的表示

　　一般在機械噪音振動控制的工程師們，習慣使用全頻域來表示音的頻率，譬如某機械轉軸損壞時會產生 968Hz 的共振，機械工程師可根據經驗及測試更換轉軸，而不會誤判為皮帶或其他零件損害。但在建築音響或材料音響，並不會有如此精確的頻率出現，因為建築音響著重於人的聽覺，一般人的聽覺並無法分辨 968Hz 與 1000Hz 的區別，但卻能清楚的分辨 1000Hz 與 500Hz 的不同。因此，表示建築音響頻率特性均使用**八度音**（ Octave ），將人耳可聽的頻率範圍 20Hz ～ 20kHz，以等比級數的方式區分為十段，稱為 1/1 Octave，若再將 1/1 Octave 區分為三段即為 1/3 Octave，國際標準組織（ ISO ）所訂定的 1/1 八度音頻率與 1/3 八度音頻率之中心頻率及隔斷頻率如表 8-2.2 所示，在兩個隔斷頻率之間，各單一頻率能量合成後之值，以中心頻率來表示。

　　圖 8-2.5 為 1/1 Octave 中心頻率之頻譜特性，此頻譜特性表示室內各種背景噪音，圖 8-2.6 為 1/3 Octave 中心頻率之頻譜特性，此頻譜特性表示 10cm 厚的鋼筋混凝土的隔音性能。

表8-2.2　八度音頻率之中心頻率及隔斷頻率　（文獻 E03）

1/1八度音頻率（Hz）		1/3八度音頻率（Hz）	
中心頻率	隔斷頻率	中心頻率	隔斷頻率
	22.4	25	22.4
31.5		31.5	28
		40	35.5
	45	50	45
63		63	56
		80	71
	90	100	90
125		125	112
		160	140
	180	200	180
250		250	224
		315	280
	355	400	355
500		500	450
		630	560
	710	800	710
1000		1000	900
		1250	1120
	1400	1600	1400
2000		2000	1800
		2500	2240
	2800	3150	2800
4000		4000	3550
		5000	4500
	5600	6300	5600
8000		8000	7100
		10000	9000
	11200	12500	11200

圖 8-2.5　1/1 Octave 中心頻率之頻譜特性例　（文獻 C28）

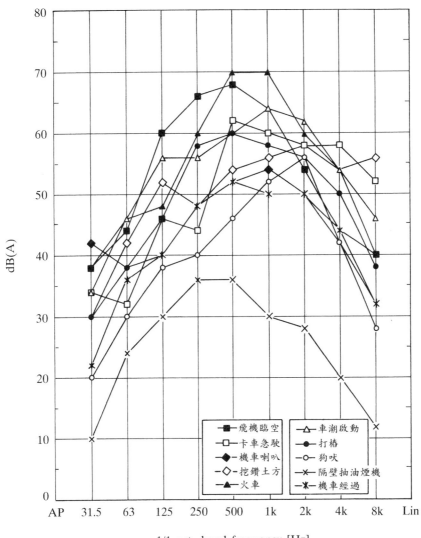

1/1 oct. band frequency [Hz]

圖8-2.6　1/3 Octave 中心頻率之頻譜特性例　（文獻 C20）

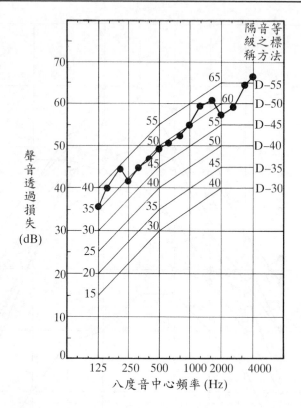

8-2.5　聲音的合成

1.音波的重疊

　　當兩個聲音重疊時，同一個頻率，相位（Phase）相同時，聲音音量增大，而逆相位時，兩聲音會互相抵消，如圖8-2.7所示，利用此一現象，近年來**主動噪音控制**（Active Noise Control），就是利用逆向位的原理來消除穩定的噪音。

2.聲音的合成

　　數學上，眾人皆知 $100 + 100 = 200$，但在聲音的合成上，兩個音源功率分別為100dB、100dB，則其聲音的合成並非200dB，而是103dB。

圖 8-2.7　聲音的相位差　（文獻 C02）

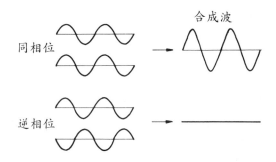

聲音的合成，是以能量合成的方法相加，就是將音壓級、音強級或音功率級 dB 還原成能量，能量以算術的方式合成後再變回 dB 值，其計算式如下：

$$L = 10 \log \frac{E}{E_0} = 10 \log \left(\frac{E_1 + E_2 + \cdots + E_n}{E_0} \right)$$

$$= 10 \log \left(10^{\frac{L_1}{10}} + 10^{\frac{L_2}{10}} + \cdots + 10^{\frac{L_n}{10}} \right) \cdots\cdots\cdots\cdots\text{式 8-2.8}$$

式中：L：各音源的音量的合成值

　　　$L_1 \cdots L_n$：各音源的音量

在實際運用上，如果只需要近似值，可查表 8-2.3 或圖 8-2.8，其使用方法是兩音壓級相減，取其差值，查表後，與比較大的音壓值相加即合成值。

表 8-2.3　聲音的合成計算表　（文獻 J01）

兩音壓級差值	0	1	2	3	4	5	6	7	8	9	10
加在較大值上的修正值	3.0	2.5	2.1	1.8	1.5	1.2	1.0	0.8	0.6	0.5	0.4

圖8-2.8 聲音的合成計算圖 （文獻 J01）

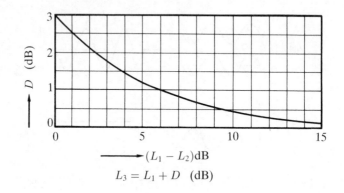

$$L_3 = L_1 + D \quad (\text{dB})$$

【例8-2.2】有一面夾板隔間牆分隔兩室，一室為音源室，另一為受音室，假設受音室由實牆部分透過音量為 50dB，而由開口部透過的音量為 45dB，請問由此面隔間牆透過的音量？

【解1】實牆透過音量為 $L_1 = 50$dB，開口部透過音量為 $L_2 = 45$dB，兩音量合成依式8-2.8得

$$L_3 = 10 \log \left(10^{\frac{L_1}{10}} + 10^{\frac{L_2}{10}} \right) = 10 \log \left(10^{\frac{50}{10}} + 10^{\frac{45}{10}} \right) = 51.19$$

【解2】實牆透過音量為 $L_1 = 50$dB，開口部透過音量為 $L_2 = 45$dB，兩音量差值 $L_1 - L_2 = 5$，查表8-2.3得知，影響較大音量 L_1 為 1.2dB，故合成值 $L_3 = 50 + 1.2 = 51.2$dB。

　　超過兩個音源的音量合成時，計算方式亦相同，只不過查表時，必須以兩兩合成的方式進行。而當兩音量差值超過 10dB 時，以較大音量為其合成音量，這就是為什麼在音環境的測定中，受測音源要大於背景噪音 10dB 以上不用做修正。

8-3　生理音響

8-3.1　聲音與生理構造

人類對於聲音的感覺器官，主要來自於人耳的聽覺機構，人耳的聽覺機構如圖 8-3.1所示，分為**外耳**、**中耳**、**內耳**三部份，外耳有耳殼、外聽道及鼓膜，聲音由耳殼進入外聽道共鳴放大後振動鼓膜，將聲音傳至中耳，中耳為三塊聽小骨所構成，即錘骨、砧骨、鐙骨，藉著槓桿作用將聲音之振動傳至內耳，當傳入聲音過大時，中耳內之肌肉會有反射收縮作用，以減少能量保護內耳，中耳與內耳相連結處稱為前庭窗，內耳內有半規管及耳蝸，半規管掌管身體的平衡，而耳蝸則職司聽覺。當聲音傳入內耳時，造成淋巴液擾動，此種擾動壓迫耳蝸內的前庭膜，跨過耳蝸管後而達基底膜，使基底膜上科氏器上的毛細胞受壓力而產生電位變化，再傳達脈衝至大腦。長期處於過大噪音的環境下，毛細胞會因長期刺激而無法復原，內耳神經退化，最後會造成永久性失聰。

8-3.2　聲音的感覺

人耳對聲音的感覺是由**音高**（Pitch）、**響度**（Loudness）、**音色**（Tonal），三要素決定，音高主要和聲音的大小及頻率有關，響度亦和聲音之大小及頻率有關，而音色最主要和聲音的頻譜波形有關。

人耳對於聲音大小的感覺，並非音壓越大，感覺越大聲，而和聲音的強度、頻率、持續的時間，尤其是大小與頻率有關，同樣是80dB的物理量，100Hz與1000Hz兩個頻率而言，前者聽起來要小聲，這是因為人耳對於高頻的聲音較敏感的緣故。

圖 8-3.1　人耳的聽覺機構　（文獻 E06）

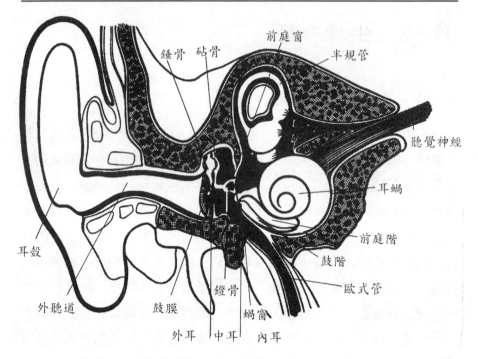

圖 8-3.2 為 ISO 的等響度曲線，係根據人耳對各頻率的感覺與 1000Hz 純音大小感覺相同所繪製而成，稱為**響度級**（Loudness Level），單位為 phon。由圖中可知，人耳對 2000Hz ～ 4000Hz 的頻率最敏感，超過 4000Hz 敏感度就會降低。對於小於 1000Hz 的頻率，越低頻敏感度越差，如在 1000Hz 音壓級為 40dB，而響度級為 40phon，同一個響度級耳朵的感覺相同，因此，要有 40phon 的感覺，在 100Hz 其音壓級必須達 52dB，而 30Hz 則要 77dB，聽起來的感覺才能達到 1000Hz、40dB 的感覺。

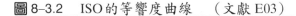

圖 8-3.2　ISO的等響度曲線　（文獻 E03）

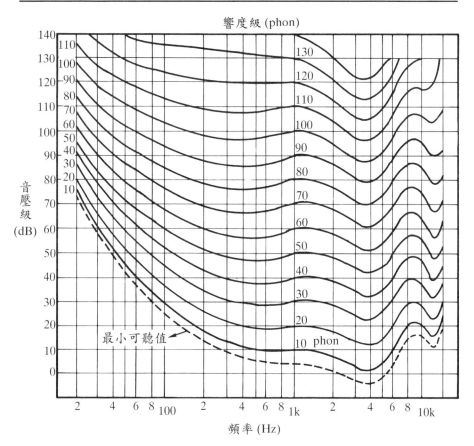

8-4　聲音的傳播與衰減

8-4.1　聲音的傳播

　　聲音為音源振動後所產生的音能放射現象，當該振動發生於空氣中時，其所產生的音波乃以空氣為媒介來進行，此即稱做「**空氣傳音**」。又當該振動發生於建築結構體中時，其所產生的音波乃以建築

結構體中各種物質為媒介來進行傳播，此便稱做「**固體傳音**」或「**固體音**」，但固體音最終亦大都經由室內的壁面、地板及天花板等表面材質而對室內空間做放射，再以空氣傳音的姿態進入人們的耳朵中。故對於來自戶內或戶外侵入建築物之噪音源，雖然其種類非常繁雜多樣（如圖8-4.1所示），但若就其傳播的路徑來區分的話，則大致可歸納為「空氣傳音」與「固體傳音」二大類。

　　一般鋼筋混凝土造建築物，因為牆壁的質量甚大，對於空氣傳音的隔音是較為有效果的，但是另一方面卻容易導致由振動而廣泛傳播於建築物的固體傳遞音之問題。

圖8-4.1　建築物噪音源及其傳播路徑　（整理自文獻C28）

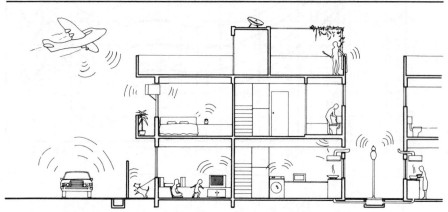

　　以下就分別按空氣傳音及固體傳音與其代表的生活噪音例來做一說明：

1.空氣傳音（Airborne Sound）

　　由發生源直接放射於空氣中，其代表的音源如：

　　(1)由電視、音響等視聽器具喇叭發出的聲響，或由人們會話、接聽電話、炊事做飯等生活行為所產生的聲音，透過鄰近住戶、鄰近居室之開口門窗所傳播的室內噪音。

(2)由發動汽、機車引擎聲音，或由收破爛、小販叫賣的擴音器聲音等透過外牆、門窗開口所傳播的戶外噪音。

2.固體傳音（Structure-borne Sound）

由對牆壁或者樓版等施加衝擊力，而引起該部位的振動後，藉著建築物結構體的傳遞，再向其他鄰接住戶、居室放射的聲音，其代表的音源如下：

(1)由人們跳動，跑動，物體碰撞或者挪動桌椅傢俱時，對直下層住戶的樓版衝擊音。

(2)由廚房，浴室等空間在使用給排水設施時，透過管路向上下樓層傳播的給排水系統噪音。

3.空氣傳音 + 固體傳音

由發生源同時進行對空氣直接放射音波及對牆壁或地板等施加衝擊力振動的固體傳音方式，其代表的音源如下：

(1)由門窗開關時所產生的衝擊音。

(2)由彈奏鋼琴時所發生的振動音。

(3)操作洗衣機，吸塵器等家用設備機械所產生的振動音。

8–4.2 聲音傳播距離衰減

1.點音源之距離衰減

於無反射的音場中，音量隨距離之減衰情形如式 8–4.1，但基本上，音源種類不同，有不同的距離衰減公式，音源比距離很小可當做點音源時如圖 8–4.2(a)，波面之面積隨著距離的平方變化，所以聲音強度隨逆平方定律減少。**點音源**之距離衰減如式 8–4.1 所示：

$$\text{SPL} = \text{PWL} - 20\log r - k \quad (\text{dB}) \cdots\cdots\cdots\cdots\cdots \text{式 8–4.1}$$

其中，聲音由音源發出後即無反射的自由音場如無響室 $k = 11$，半自由音場如半無響室 $k = 8$，如距離由 r_1 變為 $r_2(r_2 > r_1)$ 時，音壓級

差如下式:

$$SPL_1 - SPL_2 = 20 \log \left(\frac{r_2}{r_1} \right) \quad (dB) \cdots\cdots\cdots\cdots\cdots \text{式 8–4.2}$$

也就是說，當點音源每增加一倍距離，聲音即衰減 $20 \times \log 2 = 6(dB)$。

2.線音源之距離衰減

音源成一直線連續時叫做**線音源**，如交通繁忙的幹道，波面面積的變化如圖 8–4.2(b)，與距離的一次方成正比的變化，即聲音強度隨距離的比例數減少，線音源之距離衰減如式 8–4.3 所示:

$$SPL = PWL - 10 \log r - k \quad (dB) \cdots\cdots\cdots\cdots\cdots \text{式 8–4.3}$$

自由音場 $k = 11$，半自由音場如 $k = 8$，如距離由 r_1 變為 r_2 時，音壓級差如下式:

$$SPL_1 - SPL_2 = 10 \log \left(\frac{r_2}{r_1} \right) \quad (dB) \cdots\cdots\cdots\cdots\cdots \text{式 8–4.4}$$

3.面音源則沒有距離衰減

音源大小比距離大很多叫做**面音源**，如圖 8–4.2(c)，強度不變。面音源則沒有距離衰減。

圖 8–4.2　音源與距離變化之關係　（文獻 C28）

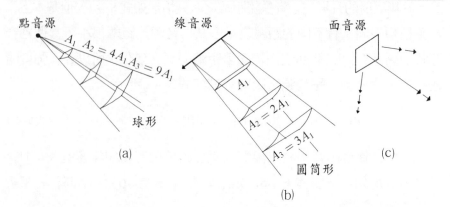

　　上述現象如圖 8-4.3 所示，點音源當距離 r 加倍時音壓級衰減 6dB。當線音源長度為 ℓ ，在距離音源長度 $\dfrac{\ell}{3}$ 範圍內，距離 r 加倍時音壓級衰減 3dB；在距離音源長度 $\dfrac{\ell}{3}$ 範圍外，距離 r 加倍時音壓級衰減與點音源相同為 6dB。當面音源短邊長度為 a ，長邊為 b 時，在距離面音源 $\dfrac{a}{3}$ 範圍內音壓級不衰減；$\dfrac{a}{3} \sim \dfrac{b}{3}$ 範圍內當距離 r 加倍時音壓級衰減 3dB；當距離在 $\dfrac{b}{3}$ 範圍外，距離 r 加倍時音壓級衰減與點音源相同為 6dB。

圖 8-4.3　音源別之距離衰減　（文獻 C28）

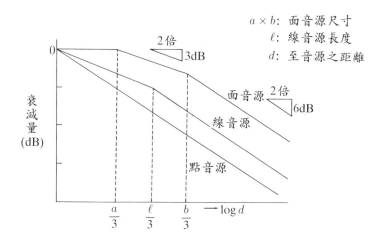

8-4.3　室外噪音傳播至室內之衰減模式(ΔL)

　　如圖 8-4.4 所示，當室外環境噪音為 SPL_w 時，傳達至受音之外牆牆面時會有距離衰減 ΔL_r 成為 SPL_o，聲音要透過外牆達到室內，受外牆開口部隔音性能影響會有 TL_w 的衰減，最後進入室內再受室內吸音力 ΔL_n、其他因素 ΔL_t 之影響，而成為室內音壓級 SPL_i。此即為戶外噪音傳播至室內之衰減模式，即建築物室內噪音與室外噪音環境間之關係受到衰減因子（ΔL_r、TL_w、ΔL_n、$\Delta L_t \cdots$）影響。

噪音對策衰減量與各衰減因子間之關係如式 8-4.5 及圖 8-4.4 所示:

$$\Delta L = \Delta L_r + TL_w + \Delta L_n - \Delta L_t \cdots\cdots\cdots\cdots\cdots \text{式 8-4.5}$$

圖 8-4.4　戶外噪音傳播至室內之衰減模式　（文獻 C28）

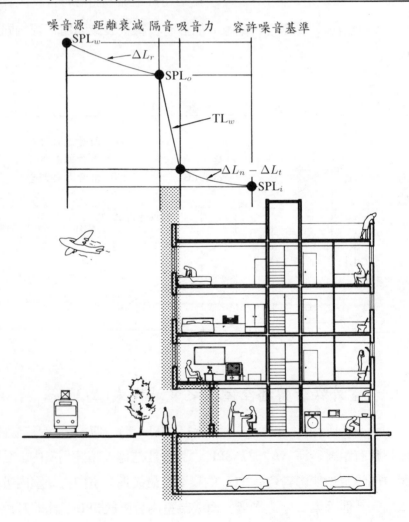

式中：ΔL ：對策衰減量

　　　ΔL_r ：距離衰減量

　　　ΔL_n ：室內減音量

　　　ΔL_t ：其他傳播路徑

　　　TL_w ：外牆開口部隔音量

　　　SPL_w ：音源之音功率級

　　　SPL_o ：外牆面入射音壓級

　　　SPL_i ：室內容許噪音音壓級

8-5 吸音

吸音材料使用上，有室內音響餘響時間的調整與減低噪音量等目的，如錄音室、音樂廳，為追求良好的室內音響品質，必須控制適量的吸音力，而許多工廠為降低廠內噪音量以提高生產力，亦使用吸音材料來達成目的。

8-5.1 吸音率與吸音力

材料吸音性能是以吸音率來表示，圖 8-5.1 表示，有一入射音能量 I，遇到材料後，反射音能量為 R，兩者比值 $\dfrac{R}{I}$ 稱之為**反射率**，以 r 表示，音能量除了遇材料反射外，依照能量不滅定律，有一部份音能量 $1-r$ 為材料所吸收而轉成機械能消耗，即材料的吸音率，以 α 表示，當 $\alpha = 0$ 表示材料完全將音能量反射無吸音率可言，而當 $\alpha = 1$ 時表示材料將音能量完全吸收，是絕佳的吸音材料。

一般材料廠商在標示材料的吸音性能時，多使用吸音率 α 表示，而使用者進行設計工作時，多使用吸音力 A 來表示，單位為 m^2，吸音率 α 與吸音力 A 最大的不同點在材料的面積 S，三者關係如下：

圖 8–5.1　吸音率的定義　（文獻 C02）

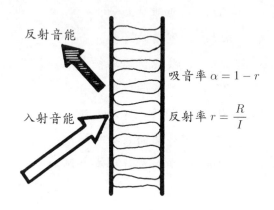

反射音能

吸音率 $\alpha = 1 - r$

入射音能

反射率 $r = \dfrac{R}{I}$

$$A = \alpha \times S \quad (\text{m}^2) \cdots\cdots\cdots\cdots\cdots\cdots\cdots\cdots\cdots\cdots\cdots \text{式} \textbf{8–5.1}$$

在同一空間設計內，可能使用許多不同的吸音材料，此空間的吸音力表示如下式：

$$A = \alpha_1 \times S_1 + \alpha_2 \times S_2 + \cdots + \alpha_n \times S_n = \overline{\alpha} \times S \quad (\text{m}^2) \cdots \text{式} \textbf{8–5.2}$$

式中，α_1 與 S_1，分別為某材料的吸音率及其使用面積，空間總吸音力 A 為個別材料吸音力的和，而當我們在評估空間吸音性能時，常使用**平均吸音率** $\overline{\alpha}$ 來表示，$\overline{\alpha}$ 是空間總吸音力與空間總表面積的比值 $\dfrac{A}{S}$。

若使用吸音材料來改善噪音，施工前後的吸音力分別為 A_1、A_2，則同樣音源在施工前後的噪音量音壓級差 ΔL 計算如下：

$$\Delta L = 10 \log \left(\frac{A_2}{A_1} \right) \quad (\text{dB}) \cdots\cdots\cdots\cdots\cdots\cdots\cdots \text{式} \textbf{8–5.3}$$

依上面公式，當吸音力增加一倍時，可減低噪音 3dB，通常良好的施工 ΔL 可達到 10dB 的水準，但如果要到達 20dB 則相當困難。

8-5.2　吸音機構的分類

　　吸音材料依構造來分大致有三大類，分別為**多孔性材質型**、**板膜振動型**及**共鳴吸音器型**，三類吸音機構對不同的頻率有不同的吸音特性，如圖 8-5.2所示。

圖 8-5.2　吸音構造與吸音特性　　（文獻 C02）

類　型	材　料	製品例	使用例	代表的吸音特性
多孔性材質型	多孔質材料	玻璃棉 岩　棉 海　綿	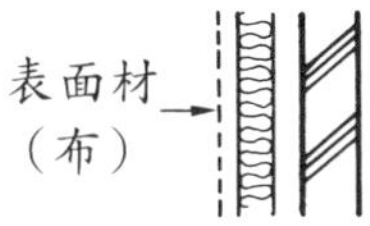 表面材（布）	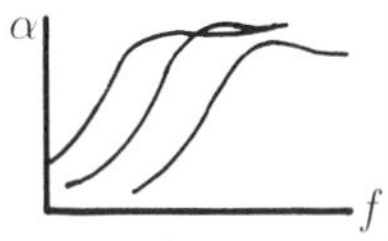 （吸音特性曲線圖）
板膜振動型	板狀材料	合　板 石膏板 水泥板	 空氣層	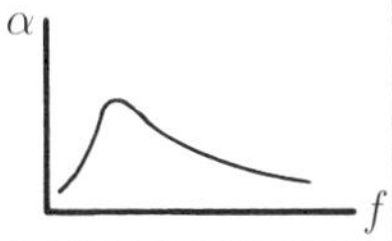 （吸音特性曲線圖）
板膜振動型	膜狀材料	塑膠薄布 帆　布	 空氣層	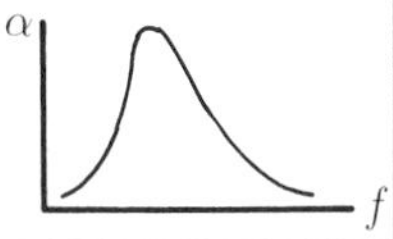 （吸音特性曲線圖）
多孔性材質型	多孔質成形板	岩棉板 玻璃棉板 軟質纖維板	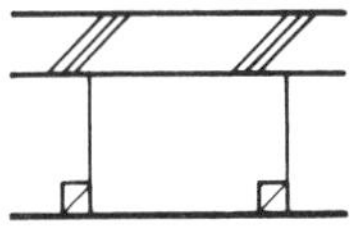	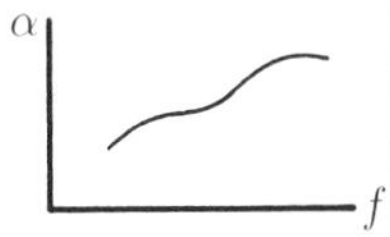 （吸音特性曲線圖）
共鳴吸音器型	有孔板	有孔石膏板 吸音水泥板 有孔鋁板	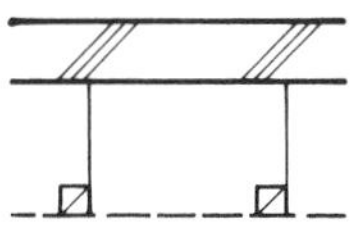	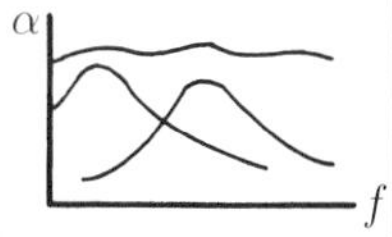 （吸音特性曲線圖）

1.多孔質型吸音（Porous Type Absorption）

　　玻璃棉、岩棉、海綿等礦物或是植物纖維類，材料內有許多的孔隙、毛細孔及氣泡，當音能量入射至多孔質型的材料時，受材料內部的孔隙氣泡周圍壁面黏滯及材料內纖維振動而消耗能量，音能量轉變

成熱能而達到吸音的效果。多孔質型的材料吸音特性主要於高頻音部分，單純使用多孔質型的材料對低頻音的效果有限。

2.板膜振動型吸音（Membraneous Type）

薄的板狀材料或膜狀材料，如合板、石膏板、甘蔗板、鑽泥板或帆布等，藉由音能量入射至材料，引起板或膜的振動，消耗能量而吸音。其吸音特性以低頻音為主，對高頻音的吸音則必須仰賴與多孔質型的材料合用才有效果。

3.共鳴吸音型吸音（Resonator）

共鳴吸音器如希臘劇場或中世紀教會使用的酒瓶，當音波入射至開口附近空氣產生共鳴振動而以摩擦熱的形式消耗音能量，其吸音特性在共鳴器的共振頻率附近有很好的效果。如果與板狀材料結合，就成了開孔板，對於中低頻甚至高頻有良好的效果。

設計者在使用上，活用三種材料之特性，可達到理想的吸音目的；對於高頻音使用多孔質型的材料，若對象頻率中某頻率特別突出，則使用共鳴吸音楔型材料或開孔板，而低頻率的聲音應使用板膜振動型材料。

8-5.3 吸音構造的設計施工要點

1.設計要點

(1)必要的吸音材料 依據空間使用需求不同，以及空間音響屬性及使用目的，來選擇必要的吸音材料，如機械室以吸音材料降低噪音，設計者必須了解使用機械所產生的噪音頻譜特性，依據頻譜特性來選擇必要的吸音材料。一般吸音材料以吸音特性來分類，分為低音域吸音型、中音域吸音型、中高音域吸音型、高音域吸音型與全音域吸音型等五種。

(2)使用場所條件之考慮 吸音構造於室內裝修場合使用，除了吸音特性外，必須考慮其意匠、耐火性、強度、及不飛散以免造成室內

空氣污染，對於室外則須考慮其耐水性及耐候性。

2.施工要點

(1)使用指定的吸音材料 設計者選擇吸音材料的種類、面積與配置地點後，施工時不應任意變更。

(2)確保指定空氣層及材料厚度 多孔質型材料如玻璃棉等，材料的厚度及背後空氣層厚度，會影響材料吸音性能的好壞如圖 8-5.3所示，另外開孔板等材料，背後空氣層的厚度亦會影響到吸音性能，因此，確保設計時指定的材料及空氣層厚度成為施工時的重點之一。

(3)表面處理 多孔質型材料直接暴露於室內，除了意匠上不容易達到外，材料的飛散易造成室內空氣污染，如果在表面上加覆無孔隙的表面材又會影響到材料的吸音性能，因此，表面處理必須兼顧不影響材料的吸音性能及防止污染兩種目的。

圖 8-5.3 玻璃棉材料及背後空氣層厚度之吸音特性 （文獻 J14）

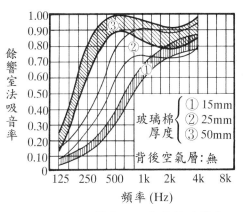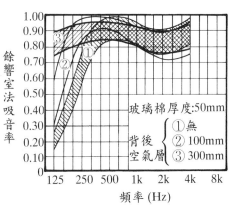

(a)因厚度而吸音特性的變化　　(b)因背後空氣層而吸音特性的變化

8-6　隔音

8-6.1　透過損失（Transmission Loss）

　　建築物牆壁及樓版構材之空氣音隔音性能是以**透過損失** TL 來表示，單位為 dB。圖 8-6.1表示，有一入射音能量 I，遇到材料後，反射音能量為 R，而透過材料的能量為 T，透過率指透過音能對入射音能之比 $\dfrac{T}{I}$，以 τ 表示，透過損失是以透過率數後對數比的 10 倍，以 dB 為單位，即：

$$TL = 10 \; \log\left(\frac{1}{\tau}\right) = 10 \; \log\left(\frac{I}{T}\right) \quad (dB) \cdots\cdots\cdots\cdots \textbf{式8-6.1}$$

圖 8-6.1　透過損失示意圖　　（整理自文獻 C07）

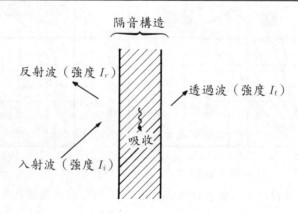

　　TL值越大隔音性能越好，一般而言，同一材料的低頻部分TL值較高頻部分為低，材料商在標示隔音性能時，不標示頻率而只告訴設計者隔音幾 dB，並無法讓設計者在選擇材料時有所依據，例如某材料

標示隔音 35dB，如果是 125Hz、35dB 則其隔音性能相當好，但如果是 1000Hz、35dB，此材料的隔音性能則是普通。

8-6.2　均質牆板透過損失

1.質量法則（Mass Law）

　　均質的建築材料隔音性能與其面密度有密切的關係，不同的材料面密度越重其隔音性能越好，在上一節提過，相同的材料對低頻域的音的隔音比對高頻域的隔音差，這種現象稱之為**質量法則**。音波漫射（Random）入均質板時，其透過損失的近似式如下所示：

$$TL = 20\log(f \cdot m) - 47 \quad (dB)\cdots\cdots\cdots\cdots\cdots\cdots\text{式 8-6.2}$$

　　式中：TL：音波漫射進入時之透過損失（dB）

　　　　　f ：入射音的頻率（Hz）

　　　　　m ：均質板的單位面積質量（以下簡稱面密度）

　　　　　　　（kg/m^2）

　　依質量法則，同一材料隔音性能，頻率增加一倍時，增加 6dB，而同一頻率，材料面密度增加一倍隔音性能亦增加 6dB，即面密度越重的建築材料，隔音性能越好。

2.單層板隔音性能的頻率特性

　　質量法則是以無限大的板作為前提，但在事實上，單層板隔音性能的頻譜特性，受四周圍邊界條件的影響共有四階段如圖 8-6.2，在非常低頻域時，有板四周邊界固定情況及板的剛性來控制，稱為**剛性控制段**。頻率增加後，透過損失由板的**共振頻率**所控制，此時板**阻尼**（Damping）的好壞，會影響此階段隔音性能，材料阻尼越好，越不容易引起共振，當然隔音越好。一般材料施行阻尼處理，常在材料後面貼上或塗佈阻尼材料，或中空構造內加阻尼材料。

圖 8–6.2   單層板隔音性能的頻率特性   （文獻 E05）

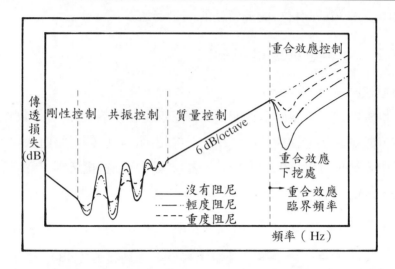

當頻率高於共振頻率時，透過損失由質量法則所控制，隔音性能以 6dB/oct.增加。在高頻時，透過損失曲線會有突然降低的現象，稱為**重合效應**（Coincidence Effect）。如圖 8–6.3所示，波長 λ 的斜入射音波於材料表面所形成的音壓波長 $\dfrac{\lambda}{\sin\theta}$，與材料振動所產生的彎曲波波長 λ_B 一致，也就是說，是材料在高頻的共振現象。重合效應頻率 f_c，可由下式算出：

$$f_c \cong \frac{c^2}{2\pi t}\sqrt{\frac{12\rho}{E}} \cong \frac{c^2}{1.8hc_s} \quad (\text{dB}) \cdots\cdots\cdots\cdots\cdots\cdots\text{式 8–6.3}$$

式中：f_c：材料重合效應頻率（Hz）

t：材料的厚度（m）

c：空氣中的音速（m/sec）

ρ：材料的密度（kg/m³）

E：材料的楊氏係數（N/m²）

c_s：材料的彎曲波傳播速度（m/sec）

圖 8-6.3　音的放射與重合效應　（文獻 C30）

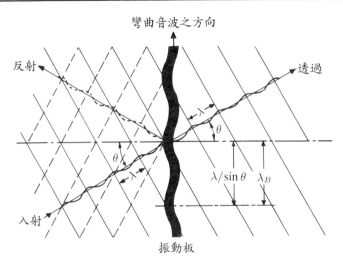

8-6.3　中空雙層板的隔音

中空雙層牆的透過損失頻率特性如圖 8-6.4 所示，與同樣面密度的均質單層板牆相較，可分為不利範圍及有利範圍。在低音域時，當入射音頻率與空氣層、表面材的固有振動頻率 f_r 一致時，會產生顯著的共鳴振動，使透過損失降低的現象，其共振頻率 f_r 可計算如下：

$$f_r \cong 60 \times \sqrt{\frac{(m_1 + m_2)}{(m_1 \times m_2)} \times \frac{1}{d}} \quad \cdots\cdots\cdots\cdots\cdots\cdots\cdots\cdots 式 8\text{-}6.4$$

式中：m_1、m_2：雙層板個別之面密度 (kg/m^2)

d：空氣層之厚度 (m)

在 $\sqrt{2f_r}$ 的頻率，其透過損失值與質量法則相當。亦即在此頻率（$\sqrt{2f_r}$）以下為透過損失不利範圍，而以上則為有利範圍，透過損失以 8 ~ 12dB/oct.比率增加。

在高音域時，與均質板相同會有重合頻率，若中空層厚度與入射

音波長 $\dfrac{1}{2}$ 一致，或為其正整數倍，則產生重合頻率，重合頻率的計算如下：

$$f_c = n \times \frac{c}{2d} \cdots\cdots\cdots\cdots\cdots\cdots\cdots\cdots\cdots\cdots\cdots\cdots\textbf{式 8-6.5}$$

式中：n：入射音 $\dfrac{1}{2}$ 波長的 n 倍數

c：音速（m/sec）

d：空氣層厚度（m）

圖 8-6.4　中空雙層牆的透過損失頻率特性　（文獻 J18）

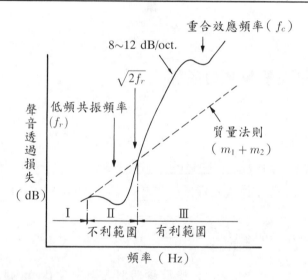

8-6.4　三明治牆板

在中空構造空氣層的位置，插入多孔吸音材料、發泡樹脂、蜂巢板……等各種材料組合而成的構造，稱為三明治板。

插入材料（即芯材）與表面材成一體構造，使板的彎曲剛性增大者，稱為剛性材三明治板。當音波透過板時，芯材與兩邊的表面材成

一體化同相位振動，類似於均質板，所以由質量定律可概略預測其隔音特性。

芯材以彈性大的材料（如發泡樹脂等）填充而構成的構造，稱為彈性材三明治板。由於彈性材三明治板的性質類似於中空板，所以產生與中空板一樣的低音域共鳴透過，其共鳴透過頻率 f_r 如下式所示：

$$f_r = \frac{1}{2\pi} \sqrt{\frac{2E}{m \cdot d}} \quad (\text{Hz}) \dotfill \text{式8-6.6}$$

式中：E：芯材的楊氏係數 (N/m^2)

$\quad\quad d$：芯材厚度 (m)

三明治板的芯材，使用多孔質吸音材（如玻璃棉者），稱為**抵抗材三明治板**。抵抗材三明治板較中空板的剛性並不會有很大變化，其空氣層彈性及整體的重量變化也不大，但是當音波透過芯材時，音波的強度會隨傳送距離而比例減少，因此而達到隔音的效果，其透過損失的傾向類似中空板，而其隔音效果則較中空板在所有的頻率範圍上都相對提升。

8-6.5 隔音牆

近年來環保意識的提高，許多道路、工廠旁均建有隔音牆來阻止噪音的傳播以避免抗爭，隔音牆是利用聲音遇到阻礙物，會有回折衰減的情形發生，而產生**音影區**（Sound Shadow），隔音牆的回折衰減值以 Kirchhoff 之理論來計算，圖 8-6.5 為圖解理論預測值。由圖知，當 N 值越高其隔音性能越好，而 N 值大小 $\left(N = \frac{2\delta}{\lambda} \right)$ 由音源、受音點、隔音牆頂三邊長之差值 δ 及音源之波長 λ 計算如下：

$$\delta = A + B - d \dotfill \text{式8-6.7}$$

式中：A：音源到隔音牆頂距離（m）

B：隔音牆頂到受音點距離（m）

d：音源到受音點距離（m）

圖8-6.5　隔音牆回折衰減　（文獻 J13）

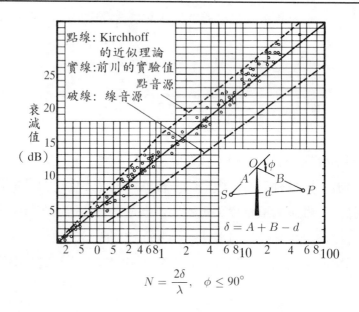

$$N = \frac{2\delta}{\lambda}, \quad \phi \le 90°$$

【**例 8-6.1**】如下圖所示，S 為音源，P 為受音點，兩點間有一隔音牆高度 3m，請問隔音牆效果如何？

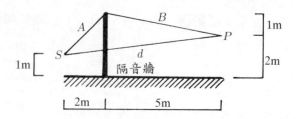

【**解**】如圖所示，先求其路徑差 δ：

$$\delta = A + B - d = \sqrt{2^2 + 2^2} + \sqrt{1 + 5^2} - \sqrt{1 + 7^2} = 0.86$$

再由 $N = \dfrac{2\delta}{\lambda}$ 查圖表所得到的結果如下:

f(Hz)	125	500	1000
λ(m)	2.72	0.68	0.17
$N = 2\delta/\lambda$	0.63	2.52	10.10
隔音效果 (dB)	11.5	17.0	23

8-7 振動

8-7.1 建築物的振動

　　聲音的傳遞除了透過空氣外,還能透過其他介質如液體、固體等,透過空氣傳遞的稱為**空氣音**,而以振動形式透過建築物構造體在放射成為空氣音的稱為**固體音**。建築物的振動源包括設備機械、門窗開關、人員在屋內活動、給排水管及戶外交通等振動,圖 8-7.1 為建築物內各種振動源的示意圖。

8-7.2 防振的方法

1.減低振動源的振動量

　　對於建築物內機械的振動,設計時考慮選用低振動量的機種,並注意維修,減少異常的振動量。對於人員活動於室內所產生的固體音稱為樓版衝擊音,樓版衝擊音的衝擊源(振動源),可區分成兩種,分別為**輕量衝擊源**及**重量衝擊源**,輕量衝擊源類似穿高跟鞋走路的聲音,而重量衝擊源則類似小孩在屋內蹦跳的低頻音。至於給排水管線振動,則選用低噪音振動型的給排水器具。

圖8-7.1　建築物內各種振動源的示意圖

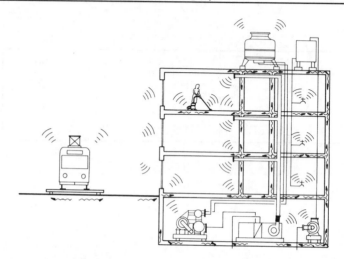

2.減少振動源能量的傳遞

　　(1)振動傳達率　在減低振動源的振動量後，以防振材料來減少振動源能量傳遞，設計者選擇機械防振材料時，應注意振動傳達率的問題，振動傳達率如圖 8-7.2所示，防振材料自然頻率 f_0，若與振動源的主要頻率相同時，會引起嚴重的共振現象，失去設置防振材料的意義，因此，防振材料隔振的有效頻率範圍應在共振頻率 f_0 的 $\sqrt{2}$ 倍以上。如圖 8-7.3所示，由防振基座所固定的機械設備，其機器、防振材料及基座合起來有一自然頻率 f_0 ，若機械設備運轉時之振動頻率 f 與自然頻率 f_0 相近，不僅防振材料無法防振，而且會將振動放大。

　　(2)樓版衝擊音緩衝材　輕量衝擊源加設地毯等緩衝材料能有效改善；重量衝擊源，則必須加強樓版的剛性。樓版加設緩衝材料其意義與加設防振材料相同，而加強樓版剛性如增加板厚、增加小樑支數，可有效減少重量衝擊源的能量傳遞。

3.隔音與吸音

　　當振動已轉換成空氣音後，其防治方法如前面所述與噪音相同，以隔音及吸音的手法來改善振動所引起的噪音。

圖 8-7.2　振動傳達率 （文獻 C02）

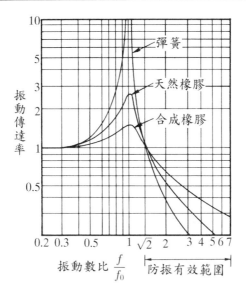

圖 8-7.3　機械防振材料的效果 （文獻 J02）

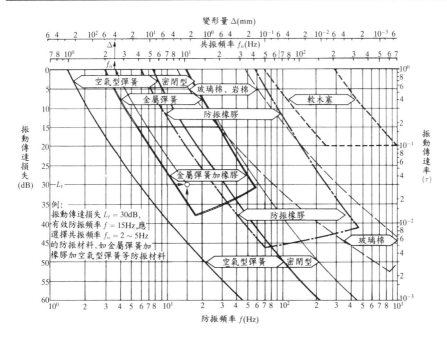

8-7.3　防振材料

　　典型的防振材料如金屬彈簧、橡膠、軟木塞、地毯等，金屬彈簧及防振橡膠常使用於機械設備上，門窗之門止亦常使用橡膠來減低振動，而地毯類則是減低輕量衝擊源的利器，防振吊桿減低管路振動的傳遞。圖 8-7.4為各類防振材料。圖 8-7.5為各種防振支持工法，無論是防振材料或防振支持工法，基本目的都在避免設備機械或配管，與主要結構體直接接觸，而傳遞噪音與振動。

圖 8-7.4　各類防振材料　（文獻 C02）

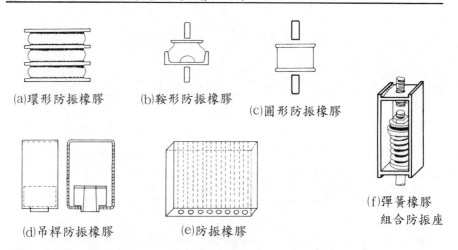

(a)環形防振橡膠　　(b)鞍形防振橡膠　　(c)圓形防振橡膠

(d)吊桿防振橡膠　　(e)防振橡膠　　(f)彈簧橡膠組合防振座

圖 8-7.5　防振支持工法　（文獻 C02）

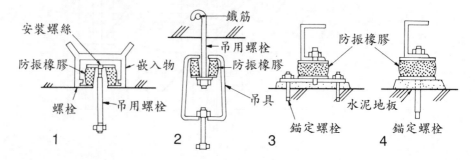

1　　2　　3　　4

8-7.4　防振構造

　　錄音室、音響實驗室、精密工業用廠房等必須維持低振動量的空間，必須使用**完全浮式構造**來防振，如圖 8-7.6 為完全浮式構造示意圖，分為兩層構造，外層構造為結構體，而內層構造結構之地板、牆壁、天花板與外層構造完全分開，兩者間以防振材料連接，避免振動由外構造傳入。而建築物內之機械設備如冷凍機、送風機、馬達及管線設施水管、風管等之防振如圖 8-7.7 所示，機械設備須採用防振基座、彈性裝置、甚至浮式樓版隔振處理，而機械設備與管線設施連結點亦須採用防振接頭、帆布處理，而管線設施與結構體間則採用防振吊架處理。

圖 8-7.6　完全浮式構造示意圖　　（文獻 C02）

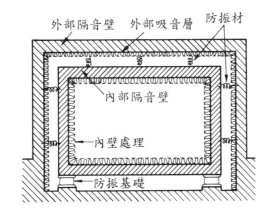

圖 8-7.7　機械室之防振　（文獻 C20）

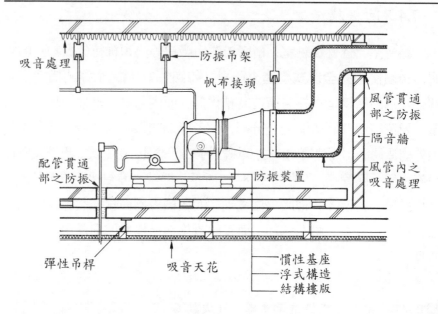

吸音處理

防振吊架

帆布接頭

風管貫通部之防振

隔音牆

風管內之吸音處理

配管貫通部之防振

防振裝置

彈性吊桿

吸音天花

慣性基座
浮式構造
結構樓版

8-8 聲音的測量與評估指標

8-8.1 聲音的測定與評估體系

聲音的測定與評估體系如圖 8-8.1所示，大致區分為**環境噪音**（音源），　**室內音響**，**隔音性能**（分界牆、樓版），**室內音環境**（受音室），四個部分說明：

1.環境噪音

目前國內困擾度最大的環境噪音為交通噪音，除此之外，環保署噪音管制標準內，定有工廠噪音、娛樂場所、營建工程、擴音設施等四類噪音管制標準。通常環境噪音的測定項目為**噪音**與**振動**兩項，評估指標以 dB(A)、Leq最為常見。

圖 8-8.1　聲音的評估體系

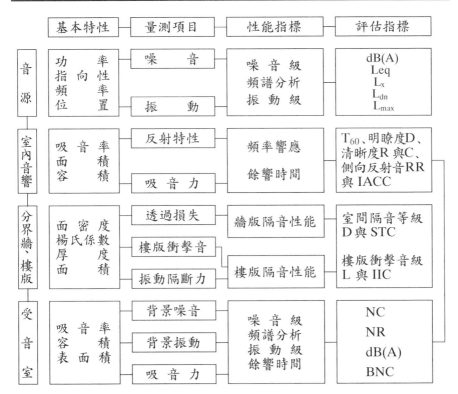

2.室內音響

　　室內音響其目的為求建築廳堂的音響品質，室內音響的測定項目，是屬於空間的音響性能，包括餘響時間 T_{60}、清晰度、明瞭度、側向反射性能等，評估指標有清晰度 R 與 C、明瞭度 D、側向反射音 LE、RR、IACC 等。

3.材料隔音性能

　　為改善建築物內音環境，使用建築隔音材料來隔絕噪音是為有效的方法之一，建築隔音材料評估指標隨各國標準而有不同，牆板隔音性能方面，國際標準組織（ISO）與美國（ASTM）的指標為 STC

（Sound Transmission Class），而日本（JIS）及我國（CNS）有關牆板隔音性能為 D 值；而樓版隔音性能方面，國際標準組織（ISO）與美國（ASTM）的指標為 IIC（Impact Insulation Class），而日本（JIS）及我國（CNS）有關樓版隔音性能為 L 值。

4.受音室室內噪音級

受音室室內背景噪音級的設定，是進行音環境品質設計的第一步驟，依據建築物用途重要程度設計不同的等級，室內背景噪音的測定包括噪音級、頻譜特性、餘響時間、振動級，而常用的評估指標則為 NC、NR、dB(A)等。

8-8.2 聲音的測定

進行聲音的測定其目的在了解聲音的性質，包括噪音級、振動級、頻譜特性、時間特性，以便進行噪音改善或是音場性能比較，目前噪音測定儀器種類繁多，可依不同需求選擇適當的噪音測定儀器組合。在進行噪音測定時，測試方法不同可能會有不同的結果，例如進行道路噪音測試時，儀器與道路的距離遠近，儀器背後是否有反射物，須明確交代，才不會造成測試誤差。

通常聲音的測定系統大致可區分為幾部分：

1.音源部

包括標準音源（能發出穩定噪音的揚聲器），衝擊源（樓版衝擊音測試用）。

2.受音部

包括麥克風（含麥克風前置放大器、麥克風電源供應器），振動加速度計（含電源供應器），噪音計，振動計，校正器。

3.記錄部

包括資料記錄器（含數位記錄器、電腦等），磁片，錄音帶。

4.分析部

包括電腦（含分析軟體、GBIP介面卡），實時分析儀，快速傅立葉轉換分析儀。

有些聲音的測定儀器會將其中的幾個部分組合成一體，冠以特殊的型號，事實上，只要儀器輸出訊號格式相同，不同廠牌的儀器是可以組合使用。

8-8.3　幾種聲音的測定方法

1.環境噪音的測定方法

以環保署噪音的測試方法為例，其使用的測試儀器必須符合我國國家標準 CNS 7127 ～ 7129規定之噪音計、記錄器、處理器、分析器等，而其測點上工廠須在工廠周界外或陳情人居處進行測試，交通噪音則位於道路邊並須距離建築物 1公尺以上，測試高度為 1.2 ～ 1.5公尺，噪音計的設定方面，噪音加權應以 A加權，而動特性方面，原則上使用**快特性**（Fast），但音源發出聲音變動性不大時，例如馬達聲可使用**慢特性**（Slow）。

進行噪音測定前必須進行背景噪音修正，背景噪音最好與欲測定的音源相差 10dB(A)以上，如差距不及 10dB(A)，則依表 8-8.1修正。

表8-8.1　背景音量修正　（文獻 C07）

噪音量差	3	4	5	6	7	8	9
修正值	−3	−2			−1		

在測試時間方面，道路噪音須進行連續 24小時監測，而工廠噪音則以 8分鐘為持續測定的時間。

進行環境噪音測定時，為避免人員影響到測定值，測定者位於儀器相距半徑 50cm，角度 45度以上，最好能將儀器麥克風以訊號線拉出相距 1.5 公尺以上，如圖 8-8.2所示。

圖8-8.2　環境噪音測定儀器　（文獻 C29）

2.室內噪音振動的測試

對於室內噪音振動的測定方法，除了與前面環境噪音所使用的方法相同之外，另外可使用自動連續測試法或由波形記錄器進行連續監測判斷所發生的噪音種類。以下分別介紹兩種方法：

(1)自動連續量測法　考慮日常生活的實際狀態且住戶仍在屋內正常作息的情形。室內之傢俱陳設不予移動改變，戶外選定為無雨的氣候下實施。噪音計測定位置與環境噪音之測定相同，振動計則置於噪音計周圍地面。測試儀器組合，包括音壓計、振動計以及數位記錄器。

圖 8-8.3 表示測試系統與儀器連線的情形。現場測試部份由噪音計量測音壓級，由振動計量測得振動級，並將噪音及振動能量以線性對應直流電壓輸出至數位記錄器，分別記錄至兩個不同頻道中，而資料錄寫於一片高密度之 5.25 inch 之磁碟片上。此資料則於實驗室階段以電腦計算分析之。現場測試時數位記錄器之輸入訊號範圍因配合噪音計及振動計之輸出，設定為直流 2.5V；輸入頻道為雙頻（最多可容納八個頻道）；而在取樣頻率方面則因磁片容量限制，設定為 0.5Hz，即每秒兩筆音壓級及振動級。噪音計之設定為以 VL 輸出，動態範圍為 30 ~ 80dB。在測試儀器組合及校正完畢後，　先行預備測試調查以確

圖 8–8.3 室內噪音振動的測量儀器 (1) （文獻 C28）

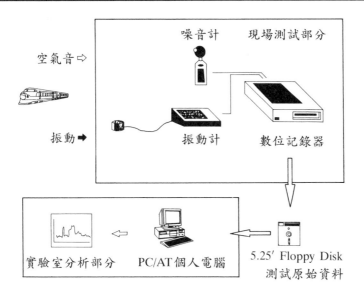

保研究得以順利進行，儀器設定及檢測完成後，工作人員即撤離，由儀器自動記錄。

(2)波形記錄量測　測試主要儀器項目，包括噪音計、波形記錄器、錄音機、振動測定器以及其他附屬設備。測試儀器組合如圖8–8.4所示。在儀器之操作設定方面，噪音計均採 A加權， Fast動特性。雙頻波形記錄器之送紙速度選擇為 1mm/sec。且精密級積分噪音計定在每10分鐘讀取 Leq值一次，設定完畢後並對各儀器之精密度作校正並將記錄紙的刻度校正在35dB(A)～ 85dB(A)範圍內。在測試儀器組合及校正完畢後，先行預備測試調查以確保研究得以順利進行，在這個階段準備工作上須對調查人力作一調度，在波形記錄器左右頻各由一位調查員負責監聽，並隨時把判斷出噪音源名稱及持續發生時間即時記錄於紙上，另一位調查員則負責做抽樣錄音及頻譜記錄，每10 分鐘 Leq值 (Leq $\frac{1}{6}$h)則由儀器自動記錄。

圖 8–8.4　室內噪音振動的測量儀器 (2)　　（文獻 C28）

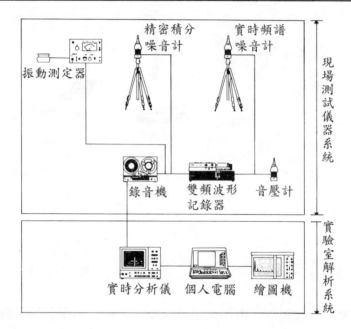

3.牆板隔音性能測定方法

　　牆板隔音性能之測試方法有傳統的**音壓法**，以及近年來發展的**音強法**。兩種方法均可求得牆板之聲音透過損失。本文之隔音性能測試介紹以音壓法為主。音壓法基本測試系統如圖 8–8.5 所示，於現場牆板分隔之兩室分為**音源室**與**受音室**，於音源室將音源面向牆角發出 1/1 八度音的噪音，使音源室、受音室均可獲得一均勻之音壓分布。在音源室及受音室內，距離地面 1.2m ～ 1.5m 分別以音壓麥克風量測 5 個測點之音壓級，然後以計算室內之平均音壓級，將音源室與受音室之平均音壓級相減，可得代表室間隔音性能之室間平均音壓級差。兩者之差值即代表室間之隔音性能，差值愈大表示隔音性能愈好。室間平均音壓級差的計算式如下式所示。

$$D = L_1 - L_2 \quad (\text{dB})$$ ······································ **式 8–8.1**

式中：L_1：音源室之平均音壓級 (dB)

L_2：受音室之平均音壓級 (dB)

圖 8-8.5　牆板隔音性能測試儀器連線　（文獻 C25）

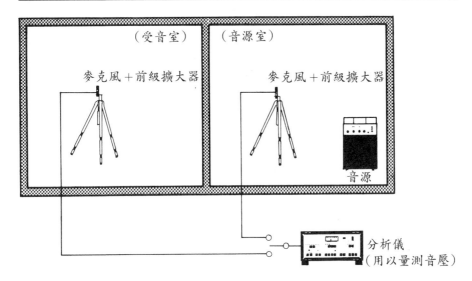

4.樓版衝擊音

　　現場樓版衝擊音級測定，其實驗方法依據 CNS 8464-A3142 建築物現場樓版衝擊音級測定法。樓版衝擊音級量測儀器之連線如圖 8-8.6所示，音源室分別為輕量衝擊源（Tapping Machine），及重量衝擊源（Tire）；受音室為五支麥克風配合八頻道數位記錄器跳選同步接收訊號；而分析儀器為實時分析儀。分析儀器得到測定資料後，依五點平均音壓以計算樓版衝擊音級。

5.餘響時間

　　餘響時間之測定儀器連線如圖 8-8.7所示，在受音室以加套裝軟體以 486-PC測定，由電腦發出訊號驅動音源發出音源，麥克風接收訊號後，送回電腦分析而得出各分頻餘響時間。

圖 8-8.6　樓版隔音性能測試儀器　（文獻 C22）

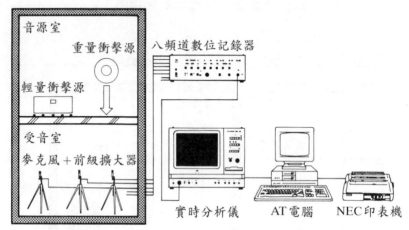

音源室

重量衝擊源

輕量衝擊源

八頻道數位記錄器

受音室

麥克風＋前級擴大器

實時分析儀　　AT電腦　　NEC印表機

註：受音室儀器連線可兼做背景噪音測試

圖 8-8.7　餘響時間測試儀器　（文獻 C22）

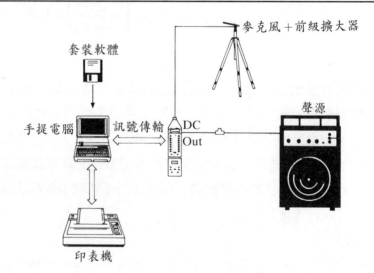

麥克風＋前級擴大器

套裝軟體

聲源

手提電腦　訊號傳輸

DC
Out

印表機

8−8.4　聲音的評估

1.環境噪音評估指標

(1)均能音量，Leq(T)　環保署規定工廠噪音的測試評估指標為 Leq，測試時間為8分鐘，但一般的噪音計設計上目前並無8分鐘之時間設定，多以10分鐘為測定時間，每間隔1秒取樣，測定10分鐘之均能音量值，然後再以能量平均方式，得出每一小時之Leq值，如此可獲得較精確之數據，同時可防止儀器中途故障或沒電之狀況。Leq之計算公式如下：

$$\text{Leq} = 10 \log \frac{1}{T} \cdot \int_0^T \left(\frac{P_A(t)}{P_0} \right)^2 dt \quad (\text{dB}) \cdots\cdots\cdots\cdots \textbf{式 8−8.2}$$

式中：T ：總量測時間

　　　　P_A：瞬間音壓

　　　　P_0：基準音壓

(2)時間百分率噪音量，L_x　針對每一噪音源，每10分鐘測定其L_x值，其包括L_{max}、L_5、L_{10}、L_{50}、L_{90}、L_{95}、L_{min}，如圖8−8.8，其定義如下：

圖 8−8.8　L_x噪音發生時間累積分布示意圖　　（文獻 C29）

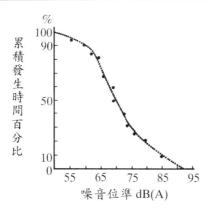

累積發生時間百分比

%

噪音位準 dB(A)

L_{max}：表示其一時段之噪音最大值。

L_5　：表示其一時段有 5%的時間超過此值。

L_{10}：表示其一時段有 10%的時間超過此值。

L_{50}：表示其一時段有 50%的時間超過此值。

L_{90}：表示其一時段有 90%的時間超過此值。

L_{95}：表示其一時段有 95%的時間超過此值。

L_{min}：表示其一時段之噪音最小值。

2.室內音響

(1)明瞭度與清晰度　室內音響的範疇內，有些類似講堂的空間必須要求明瞭度與清晰度，明瞭度換成物理評估則為直接音成分對全能量的比值，比值越大則直接音越強明瞭度會提高。明瞭度評估指標的定義如下：

$$D = 10 \log \left(\frac{\int_0^{50ms} P_i^2 \cdot dt}{\int_0^{\infty} P_i^2 \cdot dt} \right) \quad (dB) \cdots\cdots\cdots\cdots\text{式 8–8.3}$$

另外清晰度的定義為直接音能量對擴散音能量之級差比值，公式如下：

$$R = 10 \log \left(\frac{\int_0^{50ms} P_i^2 \cdot dt}{\int_{50ms}^{\infty} P_i^2 \cdot dt} \right) \quad (dB) \cdots\cdots\cdots\cdots\text{式 8–8.4}$$

$$C = 10 \log \left(\frac{\int_0^{80ms} P_i^2 \cdot dt}{\int_{80ms}^{\infty} P_i^2 \cdot dt} \right) \quad (dB) \cdots\cdots\cdots\cdots\text{式 8–8.5}$$

音樂廳 C 值的容許界限推薦值在 ± 2dB 以內。

(2)側向反射音　音場寬廣的感覺來自於側向反射音，其定義為 LE：

$$LE = 10 \log \left(\frac{\int_{20ms}^{80ms} P_{Li}^2 \cdot dt}{\int_{0ms}^{80ms} P_{0i}^2 \cdot dt} \right) \cdots\cdots\cdots\cdots\cdots 式8\text{-}8.6$$

式中：P_{Li}：側向反射音之音壓

　　　P_{0i}：全方向到達之音壓

音樂廳的側向反射音，一般希望達到 0.2～0.3以上。

　　對於側向反射音的評估，尚有室響應（Room Response; RR），其定義如下：

$$RR = 10 \log \left(\frac{\int_{20ms}^{80ms} P_{Li}^2 \cdot dt + \int_{80ms}^{160ms} P_{0i}^2 \cdot dt}{\int_{0ms}^{80ms} P_{0i}^2 \cdot dt} \right) \cdots\cdots 式8\text{-}8.7$$

3.材料隔音性能

　　(1)牆板隔音性能評估指標　經過現場量測可得其 D 值（室間音壓級差），D_{nt}（標準化級差），R （室間室衰減指數），NR （噪音衰減值），NNR（標準化噪音標準值）等不同之評估指標。再加上各頻率間有不同之隔音值，為使隔音性能指標單純簡易明瞭化，因此各標準均再研訂一套單一數值之評估曲線。

　　a.CNS與 JIS的隔音等級（D值）求法：有關牆板空氣音隔音等級之基準頻率特性（或稱基準曲線）與標稱方法如圖 8-8.9所示，採用間隔5dB之類似A曲線於500Hz相交所對應的室間平均音壓級差值為隔音等級值之標稱。實際應用時，將量測之各1/1八度音平均音壓級差測定值轉記於圖 8-8.9之各基準曲線比較，以最接近量測曲線，且任一頻率基準值減量測值之差不大於 2dB之基準曲線為標稱隔音等級之基準曲線，該基準曲線與 500Hz相交所對應之均音壓級差值，即為評定之隔音等級值。

　　b.ISO 及 BS的隔音等級求法：ISO 及 BS的隔音等級求法係將透

圖8-8.9   CNS D 評估曲線   （文獻C31）

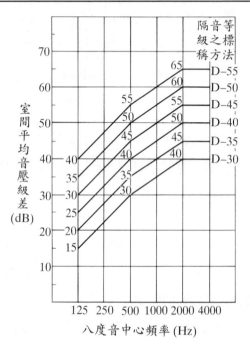

級　別	隔音等級
1 號	D–55
2 號	D–50
3 號	D–45
4 號	D–40
5 號	D–35
6 號	D–30

過損失值（隔音度）轉換成一單一數值，以此單一數值作為評估隔音等級之依據。圖8-8.10表示標準的參考曲線與參考值，該參考曲線用於與量測曲線比較，可得單一數值。比較求取單一數值之方法，是將依量測到各1/3八度音的透過損失值與參考曲線比較，參考曲線以每次1dB向量測曲線位移直至平均不利偏差量不超過2dB時，參考曲線與500Hz相交所對應之傳透損失值（隔音度），即為評定之隔音等級，以R、R′、D 或 D_{nt} 表示。所謂不利偏差，是指某一較參考曲線差的量測值與參考值之差值。R 表示建築構造單元的空氣音隔音性能，D 表示建築物中相鄰兩室間的空氣音隔音性能，R′ 表示存在有側向傳音時之建築物構造單元空氣音隔音性能，D_{nt} 表示室內吸音加權標準化之級差。

圖 8-8.10　ISO 評估曲線　（文獻 E03）

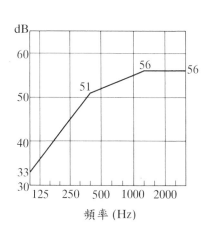

頻　率	參考值
Hz	dB
100	33
125	36
160	39
200	42
250	45
315	48
400	51
500	52
630	53
800	54
1000	55
1250	56
1600	56
2000	56
2500	56
3150	56

c. ASTM的隔音等級求法：　ASTM隔音等級之求法與 ISO、BS之規定大致相同，唯一不同的是量測的頻寬 ASTM（包括 CNS、JIS）為 125Hz ～ 4000Hz，而 ISO、BS 則為 100Hz ～ 315Hz。圖 8-8.11表示 ASTM空氣音隔音等級參考值及參考曲線，其規定均與 ISO、BS 相同。

d. CNS之 D曲線、ISO標準曲線及 ASTM標準曲線之差別：　ISO標準曲線與 ASTM之 STC曲線，實際上是一樣的，只是其上下截止頻率不同而已，故今以 D曲線與 STC曲線比較，以國立成功大學音響實驗室所測得有關面材兩面石膏板中填玻璃棉的試體量測結果作為說明，則該材料被認定為 D–25與 STC–33如圖 8–8.12，可知下列差異性：

圖 8-8.11 ASTM STC評估曲線 （文獻 E04）

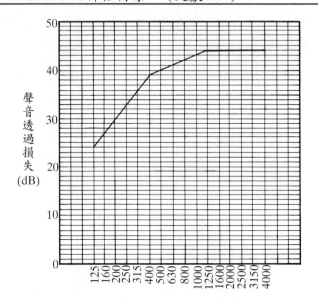

圖 8-8.12 D曲線與STC曲線之比較 （文獻 C20）

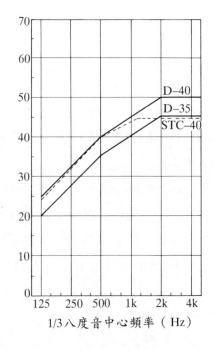

①D曲線之稱呼以 5dB 為一級距而 STC 曲線則不限定，可以任一整數值稱呼之。

②兩者均以 500Hz 為基準值稱呼之。

③在 500Hz 以下兩者之評估標準差異性極小，但在 500Hz 以上，D曲線之標準較 STC 為嚴格，差 6dB。換句話說，D–40 與 STC–40，在 500Hz 以下，兩者之隔音性能可視為相同，但若相對於 2kHz 則是 STC–40 比 D–40 差 6dB，即會降成 D–35。

④D值之認定常以最不利值在誤差 2dB 以內之值認定之，而 STC 值則以平均不利偏差在 2dB 以內之值認定之。

⑵樓版隔音性能評估指標

a.CNS 與 JIS 的隔音等級求法：有關樓版衝擊音隔音等級之基準頻率特性（或稱基準曲線）與標稱方法如圖 8–8.13 所示，採用間隔 5dB 之逆 A 曲線於 500Hz 相交所對應的樓版衝擊音級為隔音等級之標稱。實際應用時，按衝擊源別(重量衝擊源、輕量衝擊源)將中心頻率 63Hz～4kHz 之樓版衝擊音級測定值或設計值轉記圖 8–8.13，以其符合基準曲線之標稱表示隔音等級。

b.ISO、BS 及 DIN 的隔音等級求法： ISO、DIN 及 BS 的隔音等級求法係將樓版衝擊音級轉換成一單一數值，以此單一數值作為評估隔音等級之依據。圖 8–8.14 表示標準的參考曲線與參考值，該參考曲線用於與量測曲線比較，可得單一數值。比較求取單一數值之方法是依量測到各 1/3 八度音帶域不同頻率的樓版衝擊音級（稱為量測曲線）與參考曲線比較，參考曲線以每次 1dB 向量測曲線移動，直至平均不利偏差量不超過 2dB 時，平均不利偏差為各次不利偏差之和除以所有量測頻段數（16），其值應儘量大，但不超過 2dB。將上述程序得到之位移修正之參考曲線，與 500Hz 相交所對應之樓版衝擊音級即為評定之單一數值；以 dB 表示。

圖 8-8.13   CNS L 評估曲線　（文獻 C31）

級　別	隔音等級
1 號	L–40
2 號	L–45
3 號	L–50
4 號	L–55
5 號	L–60
6 號	L–65

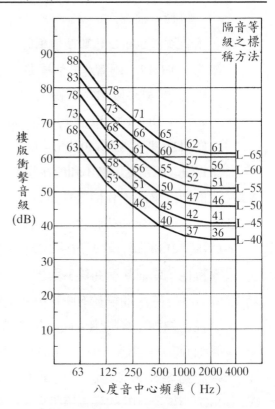

c. ASTM 的隔音等級求法：　ASTM 隔音等級之求法與 ISO、DIN、BS 之規定大致相同，唯一不同的是 1/3 八度音帶域頻率的量測曲線不得超過參考曲線（即 ISO–717/2 所謂的不利偏差）8dB，且隔音等級之評定係以 110 減去位移後之參考曲線與 500Hz 相交所對應的衝擊音級來表示；即所謂 IIC 評估方法（Impart Insulation Class）。

d. 由以上有關樓版衝擊音隔音等級的討論，有以下的結論，其中 CNS 與 JIS 相同採用 L 評估曲線；而 ISO、BS、DIN、ASTM 皆採用 IIC (ISO) 曲線。L 曲線與 IIC (ISO) 曲線如圖 8–8.15 所示，

圖 8-8.14　ASTM IIC評估曲線　（文獻 J17）

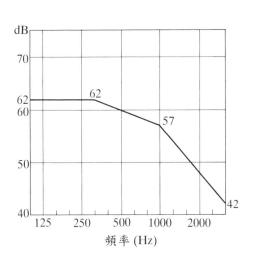

頻　率	參考值
Hz	dB
100	62
125	62
160	62
200	62
250	62
315	62
400	61
500	60
630	59
800	58
1000	57
1250	54
1600	51
2000	48
2500	45
3150	42

其差異為:

①L曲線之稱呼以 5dB 為一級距而 IIC曲線則不限定, 可以任一
　整數值稱呼之。

②兩者均以 500Hz 為基準值稱呼之。

③L值之認定常以最不利值在誤差 2dB 以內之值認定之, IIC值
　則以平均不利偏差在 2dB 以內之值認定之。

④L曲線是 1/1 Octave, 頻率範圍較廣為 63Hz ～ 4000Hz, 而 IIC
　曲線則為 1/3 Octave, 頻率範圍較窄, 為 100Hz ～ 3150 Hz。
　如果將 1/3 Octave 能量合成 1/1 Octave 則會升高 4 至 5dB。

⑤L曲線對輕、重量衝擊源皆適用, 而 IIC曲線只適用於輕量衝
　擊源。

圖8-8.15   L曲線與IIC曲線之比較   （文獻C20）

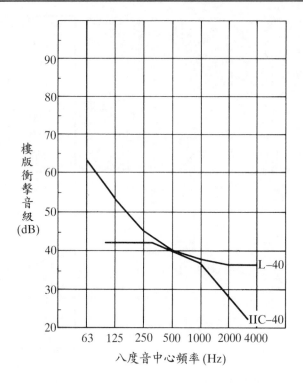

4.受音室室內噪音級

(1)NC曲線（Noise Criteria）   NC曲線之適用範圍是為了評估室內場所背景噪音對談話之干擾程度，基準曲線圖 8-8.16所示，其缺點是對於低音域及高音域稍微寬容。等級求法上是將對象噪音之測定頻譜之八度音音壓級，轉入NC基準曲線中，以評定其NC值。

(2)NR曲線（Noise Rating）   NR曲線的適用範圍是為了評估室內場所背景噪音對談話之干擾厭煩程度，及聽力保護。其基準曲線圖 8-8.17所示，特點為評估精度較高，其中以對談話干擾最嚴格。等級求法: 亦是求出對象噪音之八度音音壓級，轉入NR基準曲線中，以評定其NR值。

圖 8–8.16　　NC曲線　　（文獻 E07）

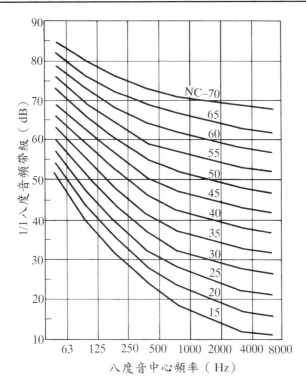

（3）RC曲線　　NC曲線及 NR曲線皆偏重對於人談話之評估，近年來針對空調低頻噪音出現 RC曲線，其適用範圍係針對室內定常音，尤其是以空調（HVAC）噪音的設計作目標，重視遮蔽效果及音質特性。在基準曲線評估曲線如圖 8-8.18 所示。特點為捨棄傳統之會話溝通評估指標而對噪音的本質有相當明示，可客觀評估極高和極低頻噪音，對人耳可聽範圍下之振動（20Hz 以下）亦可評估。

（4）BNC曲線　　BNC曲線是將 NC曲線修正，其適用範圍同 NC曲線，並加強對低頻噪音的評估。基準曲線如圖 8-8.19所示。特點上可評估低頻噪音，對人耳可聽範圍外振動（20Hz以下）亦可評估。其等級求法亦為測定出對象噪音之八度音音壓級，轉入 BNC基準曲線中，以評定其 BNC值。

圖 8-8.17   NR 曲線   （文獻 E08）

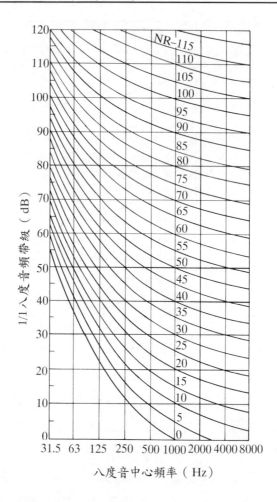

圖 8-8.18 RC曲線 （文獻 C21）

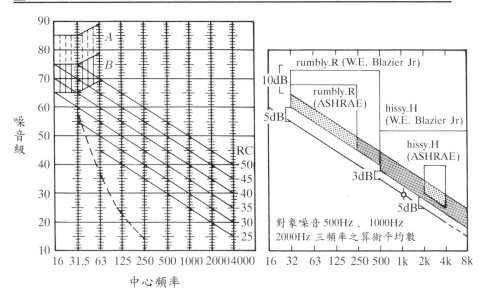

圖 8-8.19 BNC曲線 （文獻 C21）

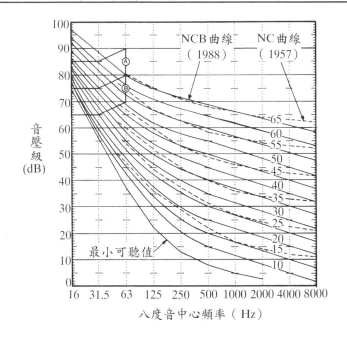

8-9　聲音的評估基準

8-9.1　室內背景噪音評估基準

1.各種房間室內背景噪音評估基準之推薦值

　　各種房間室內背景噪音評估基準之推薦值如表 8-9.1 所示，一般而言， NC 值加 5dB 為 NR 值，而 NC 值加 10dB 則為 dB(A) 值，音樂廳的背景噪音應控制在 NC-15 ～ 20，而教室則應控制在 NC-25 ～ 30，一般的辦公室則應控制在 NC-45 ～ 50。

表 8-9.1　各種房間室內背景噪音評估基準之推薦值　　（文獻 E07）

房間之種類	NC 值	dB(A)
播音室	NC-15～20	27～31
音樂廳	NC-15～20	27～31
劇場（500 席，無擴音設備）	NC-20～25	31～35
音樂室	NC-25	35
教室（無擴音設備）	NC-25	35
播放室	NC-25	35
會議廳（有擴音設備）	NC-25～30	35～40
住宅（臥室）	NC-25～30	35～40
電影院	NC-30	40
醫院	NC-30	40
教會	NC-30	40
法院	NC-30	40
圖書館	NC-30	40
飯店	NC-45	53
運動競技場（有擴音設備）	NC-50	58

2.各國集合住宅室內背景噪音評估基準之比較

　　各國集合住宅室內噪音評估指標與基準如表8-9.2所示，在評估指標方面，除了大多數以 dB(A)為評估指標之外，ISO 是以 NR，而 Beranek 則分別建議以 NC、PNC與 BNC為評估指標。在基準值的訂定方式上，除了單純以一數值或範圍訂定之外，日本建築學會依需求的音環境品質不同，做三個不同等級（特級、一級與二級）的推薦值，以特

表8-9.2　各國室內噪音基準與生活實感對應（文獻 C27）

dB(A)		20	25	30	35	40	45	50	55	60
NC~NR		10~15	15~20	20~25	25~30	30~35	35~40	40~45	45~50	50~55
影響程度		無音感——非常靜-應該注意——感到噪音——無法忽視噪音								
談話電話之影響		距離5m略可聽到聲音　距離10m可會議　普通談話（3m以內）　大聲談話（3m）　打電話無障礙——尚可打電話——電話有困難								
旅館、住宅				書房	臥室客廳	宴會場	門廳			
日本建築學會	特級									
	一級									
	二級									
芬蘭	日間									
	夜間									
匈牙利	日間									
	夜間									
瑞典	窗戶緊閉									
	窗戶打開									
Beranek	NC1955									
Beranek	PNC1956									
Beranek	BNC1955									
日本	久我新一									
美國	EPA									
英國	都市 起居室									
	都市 臥室									
	郊區 起居室									
	鄉村 起居室									

級的 30dB(A) 為最低並依等級遞增 5dB(A)；芬蘭與匈牙利分日間與夜間
有不同的基準值，日間比夜間高出 5dB(A)；瑞典以窗戶打開與緊閉有
不同的建議值，窗戶打開時 55dB(A) 較緊閉時 30dB(A) 大 25dB(A)；英
國對於都市、郊區與鄉村的起居室有不同之基準值，以都市的 50dB(A)
高，其次為郊區的 45dB(A) 與鄉村的 40dB(A)，另外對於都市中的臥室
的基準值 35dB(A) 則較起居室的基準值 50dB(A) 低 15dB(A)。若與心理
感覺比較，多數基準值落在應該注意與感到噪音之間，只有最嚴格的
30dB(A) 為感到非常靜，而最寬鬆的 55dB(A) 則心理感覺為不可忽視噪
音。

8-9.2　牆板隔音性能基準

為了保持建築物內適當的可居性或寧靜度，許多國家對建築物間
的分界牆、分間牆以及樓版均要求適當之隔音性能。由於各國國情及
使用指標不同，因此對隔音性能基準之規定也各不相同如表 8-9.3。

表 8-9.3　各國牆板隔音性能基準　（文獻 C27）

規範名稱	隔音性能	備註
日本建築基準法	聲音透過損失： 　　　　125Hz≥25dB 　　　　500Hz≥40dB 　　　　2kHz≥50dB	法規
美國　U.B.C.	聲音透過等級　STC-45(現場測試)	法規
美國　B.O.C.A.	聲音透過等級　STC-45	法規
美國　F.H.A.	聲音透過等級　STC-35	法規
德國	聲音透過等級　STC-52	法規
蘇聯國協	聲音透過等級　STC-52	法規
北歐各國	聲音透過等級　STC-505	法規
我國建築技術規則	無基準值規定，但規定有 19 種隔音牆板構造	法規

由表 8-9.3 知以德國及蘇聯法規之 STC-52 最高，而以美國聯邦住宅局（F.H.A.）之規定為最低 STC-35，一般而言都超過 STC-45。日本法規對分界牆隔音基準之規定，在 500Hz 之透過損失，最低為 40dB（D-40），最高為 60dB（D-60）。表 8-9.4 為日本建築學會隔音性能之推薦基準，最低為學校三級 D-30，最高為集合住宅特別推薦 D-55，我國內政部建築研究所委託國立成功大學進行一系列研究所得到本土化的牆板隔音性能基準建議值如表 8-9.5，其中最嚴格的基準為 D-50，最鬆為 D-40。

表 8-9.4 日本建築學會牆板隔音性能推薦值 （文獻 C27）

建築物	空間用途	部　　位	適　用　等　級			
			特級 特別樣式	1級 標準	2級 容許	3級 最低限
集合住宅	臥室	鄰戶分界牆 鄰戶分界樓版	D-55	D-50	D-45	D-40
旅館	客房	客房分界牆 客房分界樓版	D-50	D-45	D-40	D-35
辦公室	辦公室	室間隔間牆	D-50	D-45	D-40	D-35
學校	普通教室	室間隔間牆	D-45	D-40	D-35	D-30
醫院	病房	室間隔間牆	D-50	D-45	D-40	D-35

8-9.3 樓版衝擊音隔音性能評估基準

以集合住宅為例，各國對於樓版隔音性能之基準值如表 8-9.6 所示。其中若以 500Hz 作為比較頻率，以美西法規的 45dB（IIC-45）要求最嚴格，而以日本建築學會的推薦值 60dB（L-60）最寬鬆。我國內政部建築研究所對於樓版隔音性能基準建議值如表 8-9.7，其中最嚴格的基準為 L-55，最鬆為 L-70。

表8-9.5　我國內政部建築研究所牆板隔音性能推薦草案
　　　　　（文獻 C20）

建 築 物	部　　　　位	實　施　階　段	
		第一階段	第二階段
集合住宅 連棟住宅	分　界　牆	D–45	D–50
旅　　館 宿　　舍	分　界　牆 客房分間牆	D–40	D–45
醫　　院	分　界　牆 病房分間牆	D–40	D–45
辦　公　室	分　界　牆	D–40	D–45
學　　校	分　界　牆 教室分間牆	D–45	D–50

表8-9.6　各國關於住宅或集合住宅樓版衝擊音隔音性能的規定比
　　　　　較　　（文獻 C27）

規範名稱	衝　擊　源	隔　音　性　能		備註
日本建築學會	輕量衝擊源	一級（標準）	L–45	推薦值
		二級（容許）	L–50,55	
		三級（最低限）	L–60	
	重量衝擊源	一級（標準）	L–50	
		二級（容許）	－	
		三級（最低限）	－	
美國　F.H.A.	輕量衝擊源	一級	IIC–48	推薦值
		二級	IIC–52	
		三級	IIC–55	
美國　U.B.C.	輕量衝擊源	IIC–50		法規
美國　B.O.C.A.	輕量衝擊源	IIC–45		法規

表8-9.7 我國內政部建築研究所對於樓版隔音性能
基準建議值 （文獻 C20）

建 築 物	部 位	實 施 階 段	
		第一階段	第二階段
集合住宅 連棟住宅 宿 舍	樓 版 輕量衝擊源	L–65	L–60
	樓 版 重量衝擊源	L–60	L–55
旅 館	樓 版 輕量衝擊源	L–65	L–60
	樓 版 重量衝擊源	L–60	L–55
醫 院	樓 版 輕量衝擊源	L–65	L–60
	樓 版 重量衝擊源	L–60	L–55
辦 公 室	樓 版 輕量衝擊源	L–70	L–65
	樓 版 重量衝擊源	L–65	L–60
學 校	樓 版 輕量衝擊源	L–65	L–60
	樓 版 重量衝擊源	L–60	L–55

　　因此根據本文對建築物外牆隔音性能之測試結果，以及環保署「一般環境噪音基準」草案，草擬出建築物外牆隔音性能基準如表 8-9.8 所示。以住宅用途之建築物為例，說明本研究外牆隔音性能適用範圍。一般橫拉窗型之隔音等級約在 D–15 ～ 20 之程度，在外部環境噪音超過 55dB(A) 之場合，無法確保室內音環境達到一級標準，必須使用隔音性能為 D–30′ 的推開窗、固定窗等高隔音窗型，而在高密度使用之都會區，外部環境噪音高達 70 ～ 80dB (A)，則必須使用隔音窗，才能使室內音環境勉強達到二級標準。

表8-9.8　我國內政部建築研究所對於外牆開口部隔音性能基準建議值（文獻 C21）

建築物 空間用途	類別 dB(A)	外部 噪 音 級						
		一		二		三	四	
		50	55	60	65	70	75	80
集合住宅 起居室 寢室	一級	D–15	D–15	D–20	D–25	D–30"	D–30'	—
	二級	D–15	D–15	D–15	D–20	D–25	D–30"	D–30'
	三級	D–15	D–15	D–15	D–15	D–20	D–25	D–30"
旅館 客房	一級	D–20	D–25	D–30"	D–30'	D–30'	—	—
	二級	D–15	D–20	D–25	D–30"	D–30'	D–30'	—
	三級	D–15	D–15	D–20	D–25	D–30"	D–30"	D–30'
辦公室	一級	D–15	D–15	D–20	D–25	D–30"	D–30"	D–30'
	二級	D–15	D–15	D–15	D–20	D–25	D–25	D–30"
	三級	D–15	D–15	D–15	D–15	D–20	D–20	D–25
學校 教室	一級	D–15	D–15	D–15	D–20	D–25	D–30"	—
	二級	D–15	D–15	D–15	D–15	D–20	D–25	D–30"
	三級	D–15	D–15	D–15	D–15	D–15	D–20	D–25
醫院 病房	一級	D–15	D–20	D–25	D–30"	D–30'	—	—
	二級	D–15	D–15	D–20	D–25	D–30'	D–30'	—
	三級	D–15	D–15	D–15	D–20	D–30"	D–30"	D–30'

8–10　音響計劃

8–10.1　音響設計目標與流程

　　完美的音樂廳設計，必須同時兼顧音響性能與建築使用上之要求。是以音響設計與建築設計之配合必須自計劃階段起就整體加以考慮。

　　廳堂音響性能設計的流程如圖 8–10.1 所示。說明如下：

1.空間使用需求之建議

　　考慮業主使用、管理、維護之需求，參酌基地周圍環境及空間定性、定量之分析，提供業主於廳堂用途、規模設定時最佳選擇。

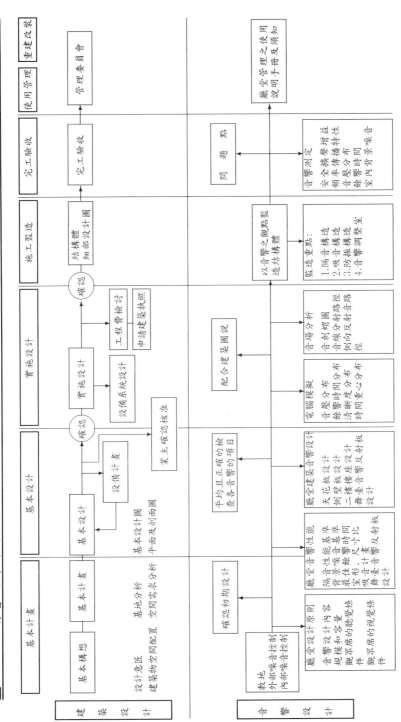

圖8-10.1 音響設計的流程

2.音響性能準則之擬議

　　針對廳堂之使用條件，訂定室內餘響時間、吸音率、室內背景噪音值以及音壓分布性、音場擴散性、頻率特性等設計準則。

3.室內音響之設計與模擬

　　利用電腦模擬、理論計算等方式選定適當之裝修材料設計，並考慮外部環境噪音與室內設備噪音之防治，尋求建築、設備、內裝修與音響設計之配合。

4.音響性能檢測與改善

　　利用音響測試儀器、測定室內音響性能，據以和音響性能準則與電腦模擬之結果對照，並作適當修改，以獲得完美的音響效果。

　　一般良好的音響性能設計目標包括：

1.保有適當的使用目的與音質

　　不同使用目的的空間其對音響品質的要求有很大的差異性，例如音樂廳與講堂，音樂廳追求音響效果，餘響時間較長，而講堂重視的是語音的清晰度，太長的餘響時間會使明瞭度降低。

2.適當的音量及清晰可聞的語音

　　廳堂音響設計時如果使用目的為演藝廳或是演講廳，就必須講求適當的音量及清晰的語音。

3.避免回音、顫動回音、音焦點、隆隆聲等音缺陷

　　室形設計不當易造成音響障害之缺陷，通常回音的產生是直接音與反射音的延緩時間在 50ms 以上或是音的行程差距在 17m 以上的反射音所造成。顫動回音又稱龍鳴，在平行的牆壁產生規則性的駐波，宜檢討室形及吸音材料的配置如圖 8–10.2可有效改善。音焦點常發聲於圓形或凹曲面的房間，可使用圖 8–10.3改變反射板的方法解決。隆隆聲發生於室容積狹小的空間，因低頻不自然的現象造成講話明瞭度降低，宜調整室形或裝置低音域的吸音材料。

圖 8-10.2　防止龍鳴的室形及吸音材料的配置　（文獻 C02）

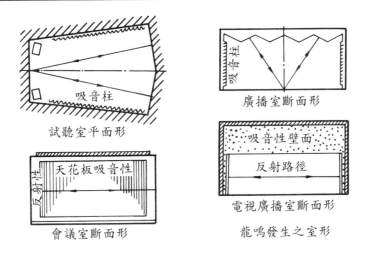

試聽室平面形

吸音柱

廣播室斷面形

天花板吸音性
反射性
會議室斷面形

吸音性壁面
反射路徑
電視廣播室斷面形

龍鳴發生之室形

圖 8-10.3　改變反射板以防止音焦點　（文獻 C02）

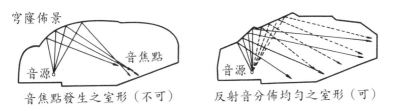

穹窿佈景
音焦點
音源
音焦點發生之室形（不可）

音源
反射音分佈均勻之室形（可）

4.無噪音干擾

　　廳堂音響性能最基本的，就是要求無背景噪音干擾，背景噪音包括由外殼侵入的環境噪音及室內空調、照明設備所產生的噪音等。音樂廳室內背景噪音依據 Beranek 之推薦，必須達到 NC-15 ~ 20 之水準，劇場或多目的廳為 NC-20 ~ 25 的水準。

5.全室的音場分布均勻

　　使室內每一點均能有相同的音壓值，是設計者努力的目標，尤其是後排座位或樓座下，易產生音壓不足或過強的情形。

8-10.2　廳堂音響性能

1.室形設計

廳堂隨著室形的不同其音響特性亦有所差異，表8-10.1、8-10.2所示為常見的廳堂平面、剖面形狀及其音響特性，進行廳堂音響設計時，須依據使用目的選擇適當的廳堂平面及剖面形狀。

表8-10.1　平面形設計　（文獻 J01）

平　面　形　狀	音　響　特　點
反射音少	◎重視視距離的平面形，可獲得從側壁的初期反射音，利用天花板的斷面形狀，補強觀眾席的中央部分。 ◎牆壁相對的距離近，且面積大，可採用吸音材分散配置和擴散處理併用，以調整餘響時間，後牆反射音可適度利用。
反射音少	◎室寬與進深尺寸相同的多角形，及近似圓形的平面形，聲音沿壁面回繞，容易產生音響障害，可在側牆、後牆設置擴散體或樓座等，以使聲音充分擴散。 ◎觀眾席前方中央部初期反射音不足，可檢討舞臺開口部周圍的天花反射板和牆壁的形狀，使反射音能返回觀眾席。
	◎窄而深的平面形，有視距離過長的缺點，音響上容易從側方的初期反射音，獲得良好音場。 ◎因後壁時間的延緩，容易產生反射音過強等音響障礙，可以平行的側牆做擴散處理，並應防止龍鳴產生。
	◎音源靠近中央時，各側壁距離遠可利用天花板中央部的剖面，使初期反射音確實回到音源側的觀眾席。 ◎因用途不同及音源位置，受音點位置大幅變化時，室內全體須做擴散性的處理。

表 8-10.2 剖面形設計 （文獻 J01）

剖 面 形 狀	音 響 特 點
	一般禮堂的音源固定在觀眾席的一端之形式 ◎為確保視線無礙，並能聽取確實的直接音，採階梯式樓版，後列的視線須較前列座者的頭部高，以看見舞臺。 ◎依據直接音和 50ms 內到達之第一次反射音一樣的音壓級來決定天花板的剖面形狀。 ◎樓廳的出挑儘量最少從那些可看到一半的天花板。 ◎考慮反射面的方向性以使初期反射音能到達音樂廳中部和樓廳底下。
	觀眾席周圍固定音源的形式 ◎音樂廳等以多數人為對象，較不需要方向性之用途。 ◎在音源位置的上部設反射面和擴散面使初期反射音往返於音源側和觀眾席間，為使直接音與反射音的時間差不致過長，設有浮雲構造。 ◎大型空間時，可利用牆壁做側向反射。
	音源位置不定的多目的音樂廳 ◎對地板平坦供多用途的室形，因音源位置和受音點的位置常變動，室內全無反射音和方向性較佳。 ◎因樓版平坦易生顫動回音，天花板須做成大範圍的擴散性剖面。 ◎側牆部分和天花板構成一體化時，亦必須具適度的擴散性。

2.室容積

室內音響特性亦受到室容積大小的影響，因為餘響時間與室容積成正比與吸音力成反比，而人體具有吸音力，因此為確保適當的餘響時間，室容積應須配合座席的數目，推薦值如表 8-10.3 所示。

3.最佳餘響時間

圖 8-10.4 所示為中頻 500Hz 的最佳餘響時間及室容積，一般音樂廳滿席時 1.5~2.0 秒。

表8-10.3　1個座席所需的室容積　（文獻 J02）

空間種類	m³/席
音樂廳	8 ~ 12
多目的禮堂	6 ~ 8
歌劇院	6 ~ 8
劇院	5 ~ 6
講堂	4 ~ 5

圖8-10.4　500Hz的最佳餘響時間及室容積　（文獻 C02）

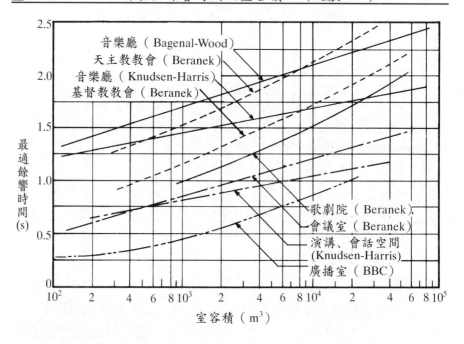

8-10.3　吸音計劃

　　室內餘響時間的長短和吸音力有關，為達到良好的音響性能，須在牆壁及天花板使用吸音材料進行裝修，以獲得適當的吸音力。室內依據不同目的之用途所需要的吸音率亦不同，表演用途的空間如音樂廳平均吸音率為 0.20~0.23，劇場則是 0.3，室內吸音計劃應注意的事項

如下：

　　1.防止回音，龍鳴等音響缺陷，決定必須吸音處理部位以及吸音率。

　　2.在音源（舞臺）兩側及上方配置反射性構造，其受音側（觀眾席）的背牆，配置吸音性裝修材。

　　3.吸音材料的配置方式，切成約波長大小的尺寸，做不規則配置，期使室內音場擴散。如下圖 8-10.5所示。

　　4.聽眾的多寡會影響吸音力的大小，應列入考慮。

圖8-10.5　內裝材配置實例　（文獻C02）

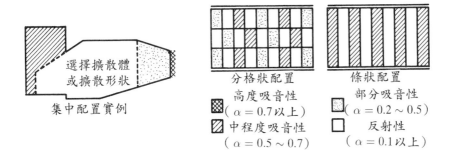

8-10.4　音響設計

1.天花板之考慮因素

　　⑴天花反射板之形狀設計逐段畫音線反射圖，觀察其投射之座席區位，如圖 8-10.6所示。

　　⑵天花板之厚度不能太薄，以免產生共振；及重量太輕則降低其反射效果。

　　⑶空調出風口之位置及觀眾席之照明燈具，配合天花反射板設計。

　　⑷投射於舞臺之遠近排燈考慮其投射角度，以及維修用之**貓道**（Cat Way）。

圖 8-10.6　音線反射圖　（文獻 J13）

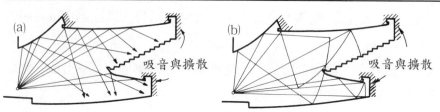

2.側壁板之考慮因素

　　⑴靠近舞臺處之觀眾席側壁以高反射性材料為主，觀眾席中央側壁部份則考慮以中反射性材料裝修，至於側壁後半部及背部牆壁則以吸收性高材料裝修。

　　⑵反射音為有效到達觀眾席，側壁設計為部份傾斜。

　　⑶側壁裝修材料厚重，以達良好效果。

　　⑷為加強局部之音響效果，於側壁設計反射體或擴散體。

3.樓座設計之考慮因素

　　⑴樓座之深度應小於兩倍高度如圖 8-10.7(a)所示，深度太深造成反射音無法到達。

　　⑵視覺曲線的考慮，當觀眾眼睛可通視到舞臺演出者時，代表可收到直接音。

　　⑶樓座背後壁面之材料應設計高吸音率材料如圖 8-10.7 (b)所示。

圖 8-10.7　樓座設計之考慮因素　（文獻 J13）

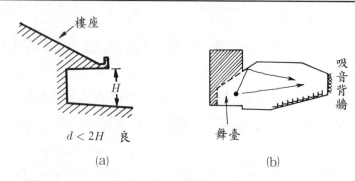

$d < 2H$　良

(a)　　　　　　　　　　　　　　(b)

4.舞臺反射板之考慮因素

(1)反射板之形狀設計及角度逐段畫**音線反射圖**，以一次反射於觀眾席為主。

(2)反射板之厚度不能太薄，以免產生共振；及重量太輕則降低其反射效果。

(3)舞臺空調及照明應加以考慮。

(4)反射板之結構載重，組裝方式及收藏位置須加以考慮。

8-11 電氣音響

8-11.1 電氣音響設備之種類與目的

從一般家庭的收音機、電視機、立體音響等裝置，以及內部對講機、電話通信裝置、大講堂擴音裝置，一直到辦公室、工場等環境音樂裝置，均顯示電氣音響設備具有廣泛的用途，其分類如表8-11.1說明。表 8-11.2為各種建築物使用的電氣音響設備。

表8-11.1 電氣音響設備種類

電氣音響設備種類	說　　　　　　明
1.通信設備	廣義是指音響通信設備，分為電話與其應用設備，及警報裝置設備兩大類。不要求頻率帶域較窄的高忠實度。
2.擴音設備	利用麥克風接受音樂或聲音，再以同樣的振幅，由室內的喇叭放出擴大聲音所需的設備，稱為擴音設備，其主要問題是噪鳴現象（Howling）。所謂噪鳴，是指由喇叭發出的聲音進入麥克風，其振幅經過加強後，由喇叭發出又返回麥克風，如此反覆進行而形成振動狀態，產生嗡嗡聲音的現象。如何控制是設備計劃上一大重點。

表8-11.1　電氣音響設備種類（續）

3.再生設備	利用麥克風接收錄音帶或唱片之聲音或音樂，然後在其他房間重新播放的設備，稱之。收音機、立體音響等均屬於再生設備，但因為不必擔心產生嗥鳴，故想獲得符合使用目的之音質或音量，在設計上較容易達到。
4.附屬設備	附屬於擴音或再生設備，用以製造特殊效果，所以不單獨發生作用。
5.錄音設備	各種聲音及音樂進行錄音所用之設備。
6.指令設備	連絡演出者及從業員等必要之設備。
7.服務設備	通知觀眾必要事項，及呼叫人車所需之設備。
8.放映用設備	放映時之音響再生裝置。
9.轉播放送設備	收音機、電視機轉播之設備。

表8-11.2　各種建築物所使用之電氣音響設備　（文獻C02）

分類	設備類別	劇場	電影院	集會堂	會議室	國際會議廳	學校	美術館、博物館	教會、寺院	體育館、競技場	飲食、喝茶店	酒吧、夜總會	百貨公司	商店街	辦公室、銀行	工廠	飛機場、車站	飯店、旅館	醫院	住宅
通信設備	內部對講機	○	△	△	△	△	△			△	○	○	○	○	○	○	○	◎	◎	○
	誘導耳機	△	●		○	◎		◎										○		
	電鈴、蜂鳴器、鐘琴、百音盒	○	○	○	○	○	○	○	◎	△	△	◎	○	●	●	●	●	●		
	警報裝置	○	○	○	○	○	○	○	○									◎	◎	
擴音設備	高忠實擴音裝置	●	●	●	●	●	●	◎	◎	●			○							
	同時同譯裝置	△		○	●	○		△	△						△			△		
	無線麥克風	●		●	◎	◎	○	○	○			◎	○							
再生設備	傳呼播音裝置	●	●	●	●	●	○				●	○			○	○	○	○	●	○
	電視、收音機	○				◎		○			○	○	○					●	●	●
	電動留聲機、立體音響	●	●	●		●	●	○		○	○	◎	○	△	△			●		●
	錄音機	●	●		●	●	○	◎	○	○	○				○	◎	△			
	大輸出再生裝置	●	●	●		○		●		◎	○	○						●		
	環境音樂裝置				△	△	○			○	●	●	●	●	●	●	●	●		●
附屬設備	時間延遲裝置	◎	●	△	○			△			△				△					
	餘響附加裝置	○	△					△												

●絕對重要　◎重要　○必要　△要考慮

電氣音響設備包括了以上之設備，而其使用目的及基本機器如表8-11.3所示。

表8-11.3　電氣音響之使用目的（文獻 C02）

使用目的	麥克風	無線麥克風受信裝置	混合擴大器	電力擴大器	座席用喇叭	跳回喇叭	效果喇叭	附加餘響裝置	時間延遲裝置	錄音機	電唱機	鐘琴	收音機—報時新聞	FM調諧器	圖形平衡裝置	減低雜音系統	監控迴路	背景音樂帶再生機
1.擴音	◎	◎	◎	◎	◎	◎			○								◎	
2.一般廣播	◎	◎	◎	◎						○	○	○	○				◎	
3.音樂播放	◎		◎	◎						○	○			○			◎	
4.音樂演奏	◎	◎	◎	◎	◎	◎		○									◎	
5.錄音	◎	◎	◎							○						○	○	○
6.效果音再生				◎	◎		○			○	○						◎	◎

◎：必要機器　　○：依場合需要的機器

8-11.2　電氣音響設備之構成

僅有音響設備機械並不夠，還必須就操作、維護檢修、管理、安全，以及房間之設計容納條件等各方面檢討。在建築上必須有調整的作業空間、擴音器安裝用的空間等，且麥克風架、麥克風昇降器等附屬裝置也是必須的。就各別機器之性能，及其附帶設備必須做充分的檢討。

1.電氣音響設備之構成分類

電氣音響設備的一般構成如圖8-11.1所示，此為音響性能要求最多之多目的音樂廳實例，而其系統分類如表8-11.4。

圖 8-11.1　電氣音響設備的基本構成　（文獻 C02）

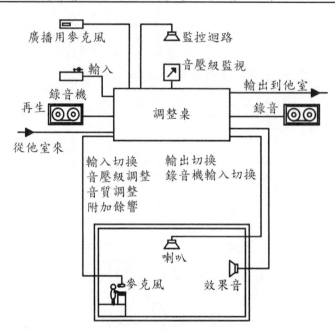

表 8-11.4　電氣音響設備之系統分類

	系統項目	內　　　　　　　　　容
1	輸入系統	麥克風及錄音機、錄音帶等設備系統（又稱為線式輸入系統）。
2	調整系統	係以調整桌或控制擴大器為中心的系統，有時也包含輸入、輸出的選擇，音壓級調整，音色加工，餘響附加等設備。
3	輸出系統	是指以擴音器、電力擴大器為中心的系統。
4	附　屬　品	是指麥克風、喇叭電纜線、保險絲等預備品或工具。

2.電氣音響設備的附屬空間

　　⑴調整室　如圖 8-11.2。又稱混合室，為了完全發揮播音室、音樂廳、會議場等電氣音響設備的機械，在房間內必須設置調整室，藉專門技術人員做輸入切換、音壓級調整等工作。調整室推薦條件如下：

圖 8-11.2　調整室　（文獻 C02）

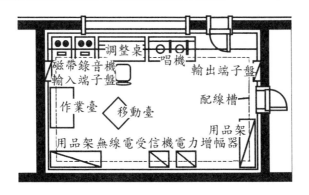

a.可以通視會場內部，在音樂廳內則必須可以看到舞臺全部表演區及至少一半觀眾席。

b.面積大小按規模而定，但至少要有可以容納一張辦公桌及兩張椅子的空間，約5平方公尺，在音樂廳、會議場等空間中，最好有10平方公尺以上的地板面積。

c.室內裝修材方面，天花板及牆面必須使用全帶域吸音構造。

d.入口處採用隔音門，雖然本空間與所處理的房間之間必須用隔音窗，但是在錄音室以外的開放場地最好可聽見聲音為原則。

(2)倉庫、收藏庫　為收藏麥克風、播音室隔音屏風等設施之空間，若能與使用房間相連則更加理想。

(3)麥克風設置空間

a.萬能插頭、電纜線：由使用房間到調整室，或是由調整室到附屬房間，必須用電纜線，須考慮配線之空間。

b.麥克風昇降裝置：在音樂廳等使用空間中，由舞臺底部操作麥克風昇降之裝置，分為油壓式及電動式兩種，一般由調整室操作。較高級的產品可以任意設定在所要的高度（附有預先設定之裝置）。因為此裝置必須安置在地板下的空間內，所以要特別留意。就地板下的空間來考慮時，以電動式較有利，但若考

慮雜音及高度調整的精確性，則以油壓式較出色。

　　c.麥克風三點吊裝裝置：在音樂廳等空間內對管弦樂團、合聲團作單點錄音時，指揮者後上方最好有麥克風。此麥克風是從天花板上用三根纜線懸吊下來，此即為麥克風三點吊裝裝置。吊裝裝置分為電動式及手動式兩種，在廣播工作室等房間中由調整室作遠距離操作，現已有可任意設定位置之產品。在錄音專用的音樂廳多為電動式，而一般音樂廳因使用次數少，用手動即足夠。

　　(4)回音室、餘響附加裝置及收藏空間　音樂廳及錄音室必須有餘響附加裝置。其種類有回音室、鐵板餘響附加裝置、彈簧式餘響附加裝置、電子式餘響附加裝置等等，但目前以彈簧式為主。

　　(5)喇叭容納空間　喇叭正面必須在房間內顯露出來，其設置地點隨音響性能而有相當限制。和照明器具等完全配合室內設計來考慮時，喇叭與建築的協調感很差，在內部裝修上有許多問題。喇叭的配置方式有圖 8–11.3所示的幾種形式，大略可分為集中、分散以及併用型三種。一般空間使用的最多的為埋入天花板的分散配置系統。目前在設計大空間音響反射板時，已漸漸有將音響反射面與喇叭安裝面分開設計之趨勢。關於擴音系統，在機能上還有充分的開發餘地，在設計意匠上也有待發展。唯獨在設置場地或安裝方法上，應能與建築設計部門充分協商。

3.擴音裝置之基本構成

　　按劇場、公眾集會廳、學校及其他各種用途的性能要求，在此僅就共通基本構成略加說明。

　　考慮最單純的情形，藉聲音或音樂等一次音源用1支麥克風把聲音轉變成電氣信號並加以擴大，再從擴音器（二次音源）放出此聲音，其系統圖如圖 8–11.4先用前置擴大器（Preamplifier或 Head Amp, H.A.，也叫麥克風擴大器）把麥克風的輸出訊號作一次擴大器，不作音量調整

圖 8-11.3　喇叭的配置方式　（文獻 C02）

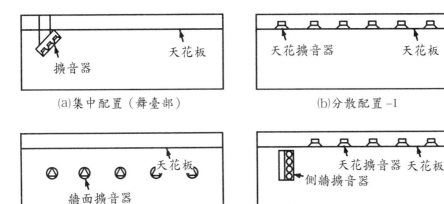

(a)集中配置（舞臺部）　　　　(b)分散配置 –1

(c)分散配置 –2　　　　　　　(d)集中分散併用型

圖 8-11.4　擴音裝置之基本系統圖及音壓級說明圖　（文獻 C02）

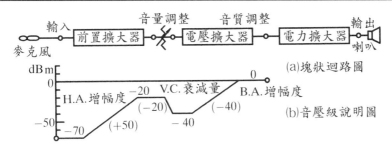

(a)塊狀迴路圖

(b)音壓級說明圖

（Volume Control, V.C.），然後用帶有音質調整（Tone Control, T.C.）
迴路的電壓擴大器（Boost Amp, B.A.）把訊號擴大到輸入電力擴大器
（Power Amp, P.A.）所需要的音壓級大小，並藉此音壓信號供給電力
以驅動喇叭。

　　實際上使用數支麥克風同時把錄音機或收音機的再生信號加以混合
的情形也很多。再加入表 8-11.2所列的附屬設備，可組成如圖 8-11.5的
混合迴路（MIX 或 NET），但混合迴路盡量不要使各迴路相互產生影
響。為了達到這個目的，必定會產生衰減 10~30dB 的結果，所以常常
附加一個混合擴大器（Mix Amplifier），以彌補此缺陷。

圖 8-11.5　標準擴音、再生設備的系統圖及音壓級說明圖
　　　　　（文獻 C02）

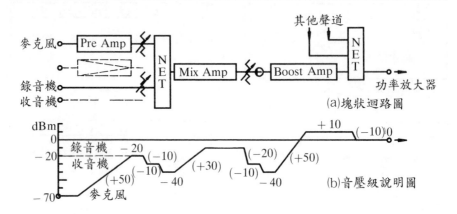

4.監控迴路

　　電氣音響設備中，除了麥克風及擴音器一般是設置在要調整的音場內部之適當位置外，其他的機器則全部是在調整室內進行操作使用。但在調整室內操作時，無法掌握外部擴音器傳出的聲音究竟會產生什麼樣的音場，因此必須有監聽的設備來確認及掌控，這種監聽的設施即為監控迴路（Monitor）。

8-11.3　電氣音響計劃

1.音響設備相關計劃

　　音響設備經過企劃、計劃、設計、施工、維護等各階段，須業主、建築設計者及施工業者之間相互的協調。整個音響設備設計與其他部門之關連性如圖 8-11.6。

2.設備必要空間

　　電氣音響設備所必須之空間，在建築計劃設計之階段即應充分檢討，確保空間之設置位置、形狀、寬度、音響條件及環境條件等。表 8-11.5 為各項電氣音響設備所需之空間。

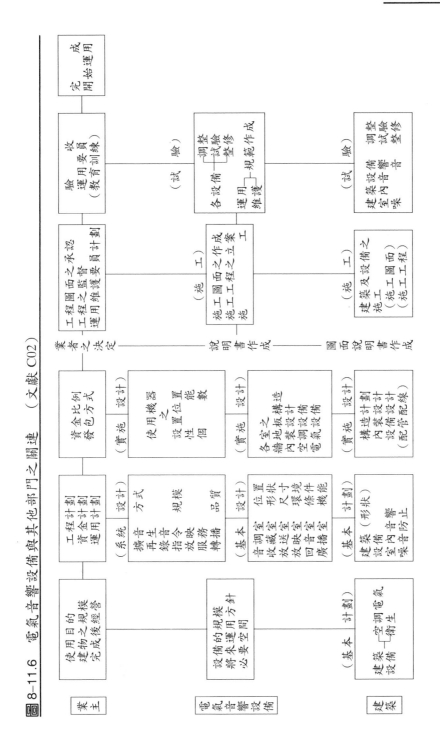

圖 8-11.6　電氣音響設備與其他部門之關連　（文獻 C02）

表8-11.5　電氣音響設備的必要空間　（文獻 C02）

	擴音設備	錄音設備	再生設備		服務設備		指令設備	轉播放送設備
			效果用鑑賞用	放映用	呼叫通知 BGM	翻譯裝置		
音響調整室	◎	◎	◎	○	◎	○	○	
電力增幅器室	◎		◎	◎	○	○		
放映室				◎				
轉播放送室								◎
機器收藏室	◎	◎	◎	○		◎		
廣播室				○	◎			○
回音室	○	◎	○					

◎特別必要　　○相關連

3.麥克風之設置計劃

麥克風之設置應避免下列之影響：

(1)氣流之影響　無論是什麼種類的麥克風，碰到氣流都會發生噪音，因此麥克風不可太靠近空調風管吹出口，最好麥克風周圍的氣流要小於 1m/sec。

(2)誘導磁界的影響　有些類型的麥克風（如可動線圈型及帶振型麥克風），會因誘導磁界而產生雜音，故有監控器或變壓器的電氣器具、交流電源，以及通過電流大的照明用配電等，不可靠近麥克風或麥克風線，其設置位置、配線、配管都要事先計劃。

(3)振動的影響　設備機械的振動，或因腳步聲等其他固體音經由地板而傳入麥克風容易造成雜音，因此振動大的機械需要考慮防振基礎，減少因振動所產生的固體音傳播。

4.喇叭設置計劃

喇叭埋設在天花板或牆壁內，吊在天花板上或掛在牆上時，對於擋板之尺寸、形狀及表面裝修等，必須檢視其音響上的要求與建築意匠要求是否一致。

⑴喇叭箱　喇叭箱之容積需要滿足表8–11.6所列的要求，特別是喇叭箱埋在牆內的情況，喇叭箱背後必須要留空間。為了音傳播的方向性，在直線或曲線上安置許多喇叭時，其安裝方式如圖8–11.7及圖8–11.8所示，若喇叭須藏在天花板內，可如圖8–11.9所示之處理。

⑵喇叭外表　用薩綸聚合物纖維此類型的粗薄編織物，不會影響音響特性，但若用打孔板或肋板裝修，則會將喇叭遮蔽。

⑶維修檢查　埋設在天花板上時，要考慮天花板內部維修的通路，若是埋設在牆上，則須考慮採用表面容易維修的構造。

表8–11.6　擴音箱的容積　（文獻C02）

口徑 (cm)	最小容積 (cm^3)
16	3～ 5×10^4
20	5～ 8×10^4
25	10～12×10^4
30	15～20×10^4
40	25～40×10^4

圖8–11.7　舞臺上方喇叭的擋板設計　（文獻J13）

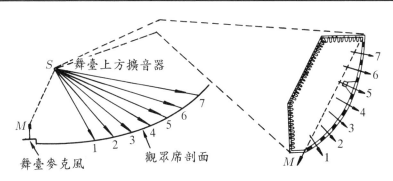

圖8-11.8　舞臺上方喇叭排列設計之例子　（文獻C02）

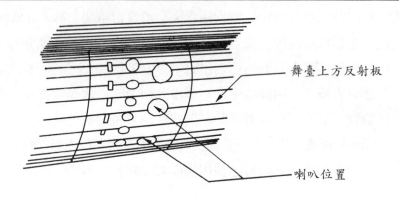

舞臺上方反射板

喇叭位置

圖8-11.9　喇叭擋板面及天花板面不一致時的處理方式　（文獻C02）

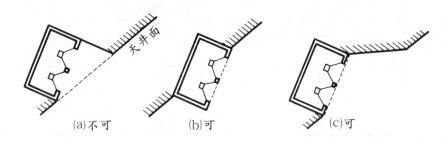

天井面

(a)不可　　　(b)可　　　(c)可

5.噪音控制計劃

　　電氣音響的整體設備設定在正常動作狀態時，在沒有信號的場合下，必須不會感到由擴音器而來的雜音及嗡嗡聲。一般在會議室與宴會場等室內噪音大的空間中，由電氣音響設備傳來的噪音不太成為問題，但是在視聽室、廣播室、調整室及音樂廳等要求安靜的空間中，電氣音響設備的噪音問題就須特別加以注意。

　　從擴音器發出的容許雜音在房間的背景噪音下不能感知，連續噪音的最小可聽值特性如圖 8-11.10所示，該圖也說明了在NC-20、25、30的背景噪音下所聽不到的音壓級（稱為**遮蔽界限**）。機器產生的噪音若在圖 8-11.10所顯示之音壓級以下，人耳即無法聽到。換句話說，

圖 8-11.10 連續噪音的最小可聽值及相對於 NC-20、25、30 的遮蔽界限特性 M′-20、25、30 （文獻 J19）

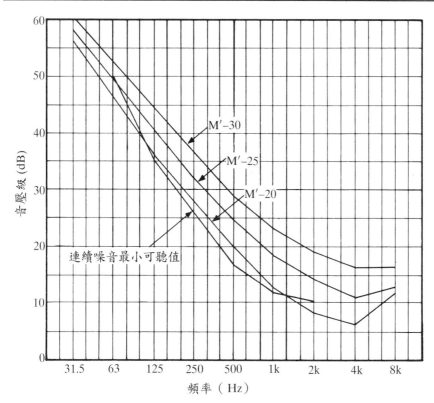

在要求寧靜的空間中（如上所述），必須將電氣音響設備產生的噪音控制在人耳聽不見的範圍下。

6.防止噪鳴計劃

從擴音器傳出的聲音返回麥克風，使得聲音的能量放大並藉此循環迴路產生共振的現象，造成極尖銳的聲音，稱之為**噪鳴現象**。其防止的對策如下：

⑴麥克風要靠近一次音源（如演講者的嘴），用無線式麥克風更能防止噪鳴現象。

⑵控制擴音器或麥克風的方向性，其方式如下：

a.用組合式的擴音器合成恰當的指向性，使聲音不會指向麥克風。

b.使用指向性麥克風並避開擴音器直接音的方向。

c.把擴音器與麥克風的位置分開，但不能損害到聽眾的音方向感。

⑶降低音波在室內產生能量放大的機會：

a.減少擴散音，縮短室內音響的餘響時間，同時消除定在波。

b.指向性麥克風面對的牆面做吸音處理，亦即舞臺牆面最好具吸
　音性。

⑷使用具有平坦頻率特性的個別音響機器，特別是麥克風或擴音
器必須選用高級品。

關 鍵 詞

8–1　建築音響學、噪音控制、室內音響學

8–2　音波、音場、音壓、音速、頻率、波長、音壓級、音功率級、音
　　強級、音能密度級、八度音程、1/3八度音程、主動噪音控制

8–3　音高、響度、音色

8–4　空氣傳音、固體傳音、距離衰減

8–5　吸音、吸音率、吸音力、反射率、平均吸音率、多孔質型吸音、
　　板膜振動型吸音、共鳴吸音型吸音

8–6　隔音、透過損失、質量法則、剛性控制、共振頻率、重合效應、
　　音影區

8–7　輕量衝擊源、重量衝擊源、振動傳達率、完全浮式構造

8–8　環境噪音、室內音響、隔音性能、室內音響學、dB(A)、NC、
　　NR、背景噪音、樓版衝擊音、餘響時間、Leq均能音量、L_x 時間
　　百分率噪音量、明瞭度、清晰度、D曲線、D_{nt}、R、NR曲線、

NNR、STC 評估曲線、IIC 評估曲線、L 曲線、NC 曲線、RC 曲線、BNC 曲線

8-9　室內背景噪音評估基準、牆板隔音性能基準、樓版衝擊音隔音性能評估基準

8-10　最佳餘響時間、吸音率、室內背景噪音值、音壓分布性、音場擴散性、頻率特性、回音、顫動回音、音焦點、隆隆聲

8-11　電氣音響、噪鳴

習　題

1. 建築音響學上常用於表示聲音大小的指標有哪些? 其各個指標用途為何?

2. 試說明八度音程與 1/3 八度音程的意義及差異。

3. 試說明室外噪音傳播至室內之衰減模式。

4. 試說明吸音力與吸音率; 常用的吸音材料有哪些? 其每種材料的特性與使用性又如何?

5. 試說明單層板隔音性能的頻率特性。並說明各階段應注意之事項。

6. 試說明防振的常用方法。

7. 試說明環境噪音評估指標 Leq 及 L_x。

8. 室內音響品質的客觀測定項目包含哪些? 各項目的代表意義為何?

9. 受音室室內噪音級常用的評估指標有哪些?

10. 試說明牆板隔音性能常用的評估指標及其之間的差異。

11. 試說明樓版隔音性能常用的評估指標及其之間的差異。

12. 試說明室內音響設計的目標為何?

13. 試說明室內音響設計時如何避免音障的產生?

14. 試說明室內音響設計時的吸音計劃。

參考文獻

一、中文部分

(一)臺灣部分

C01　王錦堂，「建築應用物理學」，臺隆書店，1968.12

C02　賴榮平、林憲德、周家鵬，「建築物理環境」，六合出版社，1990.8

C03　林憲德，「現代人類的居住環境」，胡氏圖書出版社，1994

C04　江哲銘、林俊興等，「下世代住居空間物理環境之研究（一～五期）」，財團法人祐生研究基金會，1990～1994

C05　江哲銘、林俊興等，「下世代環境共生領域環境控制之研究——都市環境共生領域之物理環境與環境控制研究」，財團法人祐生研究基金會，1995

C06　江哲銘，「新市鎮之物理環境控制」，橋頭新市鎮空間規劃研討會論文集，1995

C07　吳啟哲，「圖解建築物理學概論」，胡氏圖書出版社，1994

C08　莊嘉文，「建築設備概論」，詹氏書局，1992

C09　彭定吉、江哲銘，「集合住宅室內空氣品質（CO_2、CO、PM_{10}）現場量測方法之探討」，成大碩論，1992

C10　中華民國建築學會，「辦公建築音及空氣品質之研究——（第二部份）辦公建築空氣環境（CO_2、CO、PM_{10}）之研究」，內

政部建研所籌備處委託研究，成功大學建築研究所， 1993.6

C11　陳海曙，「現代建築室內空氣品質設計原則」，「現代營建」，
　　　pp. 89 ~ 96， 1989.11

C12　中華民國建築學會，「換氣與空氣調節設備技術規範」，內政
　　　部營建署委託研究， 1986.3

C13　吳讓治、賴榮平、江哲銘等，「建築技術規則建築節約能源篇
　　　規範」，內政部營建署專題研究，成功大學建築研究所

C14　林憲德、賴榮平，「臺灣地區建築物理環境計劃用氣象資料系
　　　統之研究」，成功大學建築研究所， 1986.1

C15　戚啟勳，「臺灣山地氣溫之特徵」，「氣象學報」16卷3期，
　　　1970.9

C16　林憲德，「建築計劃用氣象資料集成」，經濟部能源委員會專
　　　題研究，成功大學建築研究所， 1988.6

C17　周鼎金，「學校教室採光照明之研究」，成大碩論， 1983.6

C18　卓建光、林憲德，「濕熱氣候地區『誘導式』建築省能對策之
　　　研究」，成大碩論， 1989.6

C19　陳世偉，「空氣淨化工程學」，中華水電冷凍空調雜誌社， 1990.5

C20　江哲銘、賴榮平等，「建築物防音材料與防音構造準則之研究
　　　——建築技術規則防音規則與規範之擬議」，內政部建研所籌
　　　備處委託研究，成功大學建築研究所， 1991.6

C21　江哲銘、賴榮平等，「建築物外牆防音準則之研究——建築技
　　　術規則防音規範之擬議」，內政部建研所籌備處委託研究，成
　　　功大學建築研究所， 1992.6

C22　中華民國建築學會，「辦公建築音及空氣品質之研究——（第
　　　一部份）辦公建築音環境之研究」，內政部建研所籌備處委託
　　　研究，成功大學建築研究所， 1993.6

C23　塗能誼、江哲銘，「連棟透天式住宅室內生活噪音現況及測試評

估研究——以中壢地區無自宅發生音之連棟透天式住宅為例」，
中原大學碩論，　1990.7

C24　羅武銘、江哲銘，「住宅音環境控制之研究——臺灣地區集合
　　　住宅樓版衝擊音隔音性能之評估研究」，成大碩論，　1991.6

C25　林芳銘、江哲銘，「建築物牆板隔音性能之研究——以音強法
　　　現場測試與評估檢討」，成大碩論，　1991.6

C26　黃彥學、江哲銘，「高層集合住宅樓版衝擊音改善之研究」，
　　　成大碩論，　1994.6

C27　江哲銘、賴榮平等，「高層集合住宅改善噪音振動對策之研
　　　究」，內政部建研所籌備處委託研究，成大建築研究所，　1994

C28　江哲銘，「建築物噪音與振動」，建築情報雜誌社，　1993.12

C29　蘇德勝，「噪音原理及控制」，臺隆書店，　1991.9

C30　Leo L. Beranek 等著，徐萬椿譯，「噪音振動控制」，協志工業
　　　叢書出版公司，　1975

C31　中國國家標準: 總號 8465，類號 A1031，建築物隔音等級

(二)大陸部分

C32　金大勤、趙喜佗、余平　譯，「陽光與建築」，中國建築工業
　　　出版社，　1982.8

C33　詹慶旋，「建築光環境」，清華大學出版社，　1988.2

C34　西安冶金建築學院、華南工學院、重慶建築工程學院、清華大
　　　學，「建築物理」，中國建築工業出版社

二、日文部分

J01　日本建築學會編定，「建築設計資料集成」，丸善株式會社，
　　　1977.6

J02　日本建築學會編，「建築環境工學用教材──環境篇」， 1988

J03　田中俊六、武田仁、足立哲夫、土屋喬雄，「最新建築環境工學」，井上書院， 1985.1

J04　木村健一，「建築環境學1、2」，丸善株式會社， 1992

J05　山田由紀子，「建築環境工學」， 1989.2

J06　村松學，「環境測定的記錄」，オーム社， 1990.3

J07　東京農工大學農學部生物圈環境科學專修編輯委員會，「地球環境と自然保護」，培風管， 1992

J08　安岡正人等，「地球環境と都市・建築に關する總合的研究」，平成五年度學科研究成果報告書

J09　安岡正人、真鍋桓博等，「住文化調查研究報告書（第三分冊）」住文化研究協議會， 1989.5

J10　木村幸一郎，「關する晝光之最適照度」，早稻田建築學報第17號

J11　岩槻紀夫，「生活環境論」，株式會社南江堂， 1991.9

J12　人間──熱環境系編集委員會，「人間──熱環境系」，日刊工業新聞社， 1989.4

J13　前川純一，「建築・環境音響學」，共立出版株式會社， 1990.10

J14　永田穗，「建築の音響設計」，オーム社

J15　日本建築學會編，「建築物の遮音設計資料」，技報堂出版株式會社， 1988.8

J16　日本建築學會編，「實務的騒音對策指針」，技報堂出版株式會社， 1987.5

J17　財團法人日本音響材料協會編，「騒音・振動對策ハンドブック」，技報堂出版株式會社， 1982.5

J18　未吉修三、齊藤壽義，「木質床板の緩衝特性與輕量衝擊音との關係」，林試研報， 1987.12

J19　田野正興、久我新一，「住宅の防音と調音のすべて」，建築
技術別冊 Vol. 1，1988.12

J20　永田穂，「有意騷音に對する許容音壓レベル」，音響學會研
究發表會論文集，1954.5

三、英文部分

E01　Koeigsberger, Ingersoll, Mayhew, Szokolay, "Manual of Tropical
Housing and Building—Part 1 Climatic Design," 1972.8

E02　Mark E. Schaffer, "A Practical Guide to Noise and Vibration Control
for HVAC Systems," American Society of Heating, Refrigerating and
Air-Conditioning Engineers Inc., 1991

E03　International Standard Organizations ie, ISO

E04　American Society for Testing and Material ie, ASTM

E05　K. B. Ginn, M. SC, "Application of B&K Equipment to Architectural
Acoustic," 1978

E06　Hassall, J. R. & Zaveri, K., "Acoustic Noise Measurements," Brüed
& Kjär, 1979

E07　Beranek, L. L., "Revised Criteria for Noise in Buildings," Noise
Control, Vol. 3, No. 1, pp. 19～27, 1957

E08　I.S.O./TC 43（Helsinki）22，"Noise Rating Numbers with Respect
to Annoyance," 1959

表 目 錄

圖目錄

索 引